新手媽媽的第一本
哺育照護全書

從乳房養護、泌乳期照護
到離乳期安排與規劃的最佳指南

國際認證泌乳顧問暨
博仁綜合醫院小兒科主任
毛心潔

臺北醫學大學
附設醫院外科部主任
洪進昇

合著

將哺乳融入生活，
而不是生活只有哺乳

隨著醫學及營養學的進步，我們越來越清楚哺乳對於婦女以及嬰幼兒健康的必要性，以及對成人健康的長期正面影響。哺乳是一件最自然的事情，大部分的婦女都希望有奶就餵，但是如何讓自己有奶，在現今的社會以及生活型態下，是一件需要學習的事。更需要周圍所有人、醫療院所、社區、職場，以及政府相關單位等一起支持及協助。

很榮幸在出版之前就有機會拜讀臺灣商務印書館發行的《新手媽媽的第一本哺育照護全書：從乳房養護、泌乳期照護到離乳期安排與規劃的最佳指南》，內容十分充實。作者毛心潔醫師本身是兒童腸胃專科醫師，也是國際認證泌乳顧問，除了醫療及營養專業外，更有實際協助哺乳家庭的豐富經驗。洪進昇醫師則是乳房外科專科醫師，除了乳癌專業之外，也經常協助處理哺乳媽媽的乳房問題。兩人攜手合作的這本書，不僅提供給新手家長相關的資訊，也適合從事協助哺乳的專業人員閱讀。

每個章節都有重點、圖示及表格，讓讀者容易抓到重點。對於想要深入瞭解的家長以及專業人員，尤其是在第一章有關〈從乳房結構瞭解泌乳的原理和形成〉部分，都有詳盡的說明。

書中第二章詳細說明如何經由產前準備、產後支持，以及即時諮詢來順利哺乳，同時也有實例的分享，更提供了面臨問題時的可能求助管道。除了書中所提的泌乳顧問之外，目前國民健康署也有訓練醫療院所中的母乳哺育種子講師，他們的工作主要是負責工作人員的教育訓練。不少講師具備豐富的臨床經驗可以實際協助哺乳的家庭，然而由於人力與時間的限制，不是每個講師都能像自費的泌乳顧問那樣提供足夠的陪伴。

對於準備要哺乳或者正在哺乳的家長，或許可以先看第三章〈不同階段的哺乳狀況與處理〉，瞭解正常的嬰兒在不同階段可能有的行為，媽媽身生理及心理可能會有的變化，還有新生寶寶回家後的睡眠型態。讓家有新生兒的家庭對生活的變化先有正確的期待及準備，可以比較容易度過這段磨合期。正在哺乳的媽媽也可從不同的小章節中找到問題的解決方法。

非常同意書中所提及盡可能地學會親餵的觀念，因為親餵是最省時且放鬆的育兒方式；而實際生活中，則可以保有彈性及多元的哺乳型態。幫助媽媽放鬆身心，有時便能促進奶水的分泌。

哺乳育兒不是媽媽一個人的事，需要周圍人的支持。希望經由這一本書，能讓更多家庭成員支持媽媽「將哺乳融入生活，而不是生活只有哺乳」，讓媽媽與寶寶更能享受這段在一起的親密關係。

臺中榮民總醫院兒童醫學中心
特約兒童神經科醫師、新生兒科醫師　陳昭惠

給在哺乳路上感到挫折的妳我，
不再感到孤單

很榮幸能夠替本書撰寫推薦序，這是一本為新手媽媽量身打造的哺乳指南，不僅提供全面的知識和技巧，還以平易近人的方式講解，讓讀者能夠輕鬆掌握。

本書的作者毛心潔醫師是我多年的好友，也是我主持的《愛＋好醫生》節目深受信賴的專家來賓，每次只要有和母乳相關的主題，她是製作單位邀請的不二人選。毛醫師對哺乳醫學的熱情，數十年來不僅幫助成千上萬的媽媽，也讓更多兒科醫師因為她的榜樣與感召，取得國際泌乳顧問認證，一起陪伴臺灣的新手父母。

作為一位兒科醫師，我深知哺乳對於寶寶和媽媽的重要性。然而，哺乳不僅是一個生理的過程，更是一個心理和情感的連結。從母乳分泌的生理機制到母嬰情感的互動，本書全方位地介紹哺乳的知識和技巧，幫助新手媽媽克服哺乳過程中遇到的種種困難。在毛醫師的神隊友——乳房外科洪進昇醫師的合作下，本書更詳細介紹了乳房的結構和母乳分泌進程，為讀者提供了全面且深入的哺乳知識。無論是對於哺乳前的預備工作，還是哺乳期間的大小問題，這本書都能提供專業的解答和建議。

除了提供實用的技巧和建議，毛醫師也在本書詳細解釋了母乳哺育對於母嬰健康的益處。一般人比較常聽到母乳哺育的好處，包括提供寶寶最佳的營養，增強寶寶的免疫力，降低寶寶生病的風險等，但同時母乳哺育對於媽媽的健康也有著重要的影響。比如餵母奶的媽媽，可以減少罹患乳腺癌和子宮內膜癌的風險，也能夠減少產後出血和子宮收縮不良的情況。

當然，母乳哺育或許不適合所有的媽媽和寶寶，這在過去為了扭轉配方奶廣告歪風，大力推廣母乳的年代，這個話題時常被專家們所忽視。事實上，有些媽媽可能因為身體各種原因，無法產生足夠的乳汁；有些寶寶則可能因為早產或其他身體原因，無法順利哺乳。在這種情況下，母乳哺育仍然可以成為一個輔助的目標，但需要專業醫療人員的幫助和支持，提供其他餵養的選項，在沒有壓力的溝通情境下，替父母做最好的規劃與安排。

在〈即時諮詢〉的章節中，本書描述出許多親餵媽媽的困境與心理糾葛，期望能帶給在哺乳路上感到挫折的妳我，不再感到孤單。靠著家人協助所能帶來的情緒力量，讓哺乳可以成為一段美好而難忘的回憶，而不是一項艱苦的挑戰。

毛心潔醫師用她的專業知識和豐富經驗，為新手媽媽提供詳細攻略，讓親餵寶寶的同時，還能創造出屬於自己的 Me Time。我誠摯地推薦這本書給所有的準媽媽和新手媽媽，希望這本書能成為哺乳的好幫手，在育兒的旅程中更加自信和堅強！

馬偕兒童醫院醫師　黃瑽寧

享受哺乳、開心育兒

● ● ●

不敢相信！我們真的把書寫出來了！

我在第四年兒科住院醫師（R4）時生了第一胎，姊姊給我的震撼教育至今難忘。原來哺乳不如想像中簡單，原來安撫寶寶需要好多耐心，需要好多人輪流幫忙抱抱，還好我的支持系統很強大，公公、婆婆與爸爸、媽媽都很尊重也支持我們，讓我能安心度過訓練階段，也能持續陪伴孩子。

離開臺大醫院後，我到博仁綜合醫院擔任小兒科主治醫師，這時我迎來第二胎。由於已經有哺乳經驗，也不太需要夜間值班，這胎的哺乳過程順利許多。我終於學會躺著餵奶，不需要在寒冷的冬夜離開溫暖的被窩，真是太棒了。更開心的可能是洪醫師，有一天早上起床他問我：「妹妹怎麼晚上沒有起床？」殊不知我翻身餵了兩、三次奶，他都不知

道呢！他自此成為哺乳的擁護者，鼓勵所有學弟的老婆親餵，還強調要躺著餵奶。

這兩個孩子現在已經長成貼心的大學生與高中生，哺乳的日子早已結束，但當初的心情與回憶卻一直留在心中，我們的親子關係也一直親密而美好。這也是我最想跟家長說的，將來我們不會記得自己擠了多少奶量，也不會記得自己餵了幾分鐘，只有那些開心或失落的回憶永留心中，所以讓自己享受目前餵奶、擠奶的生活，與孩子建立良好的關係，開心地度過這段辛苦又甜蜜的育兒時光，才是最實際又最值得的。

自二〇〇八年成為母乳哺育種子講師與國際認證泌乳顧問（IBCLC）以來，我一直很努力的從各方面協助支持泌乳家庭，從一開始的戰戰兢兢與不熟練，到現在能靈活運用各種泌乳與諮詢能力，真的非常感謝各位家長的信任，願意讓我支持陪伴你們達成自己的哺乳目標，也讓我持續在實踐中學習與精進。這本書是我目前執業心得與經驗的總和，希望透過分享，讓泌乳家長對自己更有信心，鼓勵遇上困境的家長可以找出解決之道，也讓對泌乳知識技巧有興趣的各界人士知道家長們的需求，以及泌乳專業的進展。

泌乳支持是一門新興的專業，也是個需要跨領域及跨團隊合作的專業。懷孕、生產、哺乳與育兒的家長以及孩子，都需要跨專業的合作，也需要醫療與社區的共同支持，讓孩子生命的頭一千天打好健康基礎，親子建立起穩定良好的依附關係。哺乳在這個過程中非常重要，泌乳顧問也是孕產哺育團隊中不可或缺的專業角色。也許過去大家對這個專業並不熟悉，希望透過這本書讓更多人認識泌乳顧問，也願意接受泌乳顧問的專業協助，打造屬於自己的哺育生活。

最後我想感謝我的人生伴侶，也是共同作者洪進昇醫師，「我們居然生出第三個寶貝了！」我的兩個孩子是我的哺乳啟蒙老師，現在也是我的最佳軍師，教我如何使用 IG 並設計好看的圖片！謝謝我的爸爸毛明宇先生及媽媽余英女士，他們對我的包容與支持，成就了如此斜槓的我！謝謝我的公公洪樹旺先生及婆婆游梨花女士，他們的絕對尊重與全面支持，讓我們能放心依照自己的方式經營家庭！感謝臺大小兒科各位師長與學長姊的指導，至今仍是超級重要的合作夥伴！感謝博仁綜合醫院的長官與同事們，讓我自由發展並充分支持，創造了泌乳家庭的安心基地。更感謝在泌乳支持專業一直互相支持的師長與夥伴，希望我們能繼續合作，一起讓臺灣的泌乳環境越來越友善，也讓全球華人都能享受高品質的泌乳專業服務，享受哺乳，開心育兒！

國際認證泌乳顧問（IBCLC）　毛心潔
博仁綜合醫院小兒科主任

一起照護哺乳媽媽與下一代

踏入乳房醫學的領域，可以說是許多的巧合。當年住院醫師時期，乳房醫學並不是熱門的學科，不知道是因為所有人不分男女從小都接觸過乳房而不足為奇，還是因為禮俗教化的關係，反而讓乳房醫學在醫學領域裡面一直不受重視，或也有可能是被刻意忽略。

總之，在當年乳房外科並不算熱門科系的情形下，沒有太多人打算將來想走乳房外科，而我在因緣際會的情形下，覺得某些熱門領域，自己未來不見得能有所發展，但是乳房醫學，尤其是乳房外科，這些乳房的手術方式都已經發展了幾十年甚至百年，卻沒有更進一步的發展，或許更值得好好研究。

這幾年來情勢轉變，乳房外科的進展有了很大的變化。我在 2011 年首度引進使用內視鏡微創手術進行乳癌切除後，各式各樣的乳房微創手術也隨之發展或引進，並且加上乳癌發生率增加，乳癌治療的新藥陸

續開發，這些因素讓乳房外科在外科系領域裡頗受青睞。

　　講述前面這段經歷的原因，其實也是要講母乳哺育以及泌乳照護。同樣的情形，在過去的年代，乳房的泌乳或是哺餵母乳，甚至是乳腺炎，對乳房外科醫師來說，並不算是主要學習的目標。所以處理方式都很傳統，甚至接近原始，或是可以用殘忍來形容。

　　舉例來說，以往遇到媽媽塞奶，就是打退奶針、停餵母奶。如果是乳腺炎，那就是清創手術，把化膿部位盡量劃開，讓膿流出，接下來就是清除發炎組織，控制發炎，當然，也是盡快退奶。所以，我在外科訓練時期，被教導或是學習到的處理方式就是這樣。

　　一直到我升上主治醫師之後，我太太（毛心潔醫師）開始進行母乳哺育之後，有天她問我，「你們乳腺炎都是怎麼處理的？」我才驚覺，乳房外科在泌乳這方面的瞭解實在太少了。隨著我對泌乳照護瞭解得越來越多，知道造成哺育母乳的障礙不是只有單一原因，所以處理方式就不是只有一種，停餵母乳或是切開引流都只是其中一種治療方式，治療應該隨著媽媽的需求，更細緻以及個人化。

　　近幾年，乳房醫學領域有了許多進步，但是也可以發現，主要仍著重在乳癌的治療，泌乳、哺乳這些幾乎關係到所有女性以及小孩的方面，研究或是投入的資源相對來說是很少的。畢竟母乳哺育是天生的能力，是每個母乳媽媽天生具備的，講得更清楚一點，母乳哺育幾乎無利可圖，所以不會有太多人對這方面的研究感興趣。

　　我們在推廣泌乳照護之後遇到的另一個現象是，一招半式闖江湖的人增加，很多母乳媽媽遇到塞奶便上網求助，接收到的訊息都是尋求通乳師或是去做乳房按摩。但是我們在前面提到的，母乳的障礙可能並不

是單一原因，也不會是一種解法可以通用，要用對治療的方法才能真正解決問題。

　　期望這本書能夠讓更多人瞭解，能夠自我成長，一同照護所有的女性、所有的哺乳媽媽，也一併照護我們的下一代。

臺北醫學大學附設醫院外科部主任、
臺北醫學大學副教授、乳房外科專科醫師　　洪進昇

推薦序　將哺乳融入生活，而不是生活只有哺乳　　陳昭惠醫師　*002*

　　　　給在哺乳路上感到挫折的妳我，不再感到孤單　　黃瑽寧醫師　*004*

作者序　享受哺乳、開心育兒　毛心潔　*006*

　　　　一起照護哺乳媽媽與下一代　洪進昇　*009*

Chapter 1　從乳房結構瞭解泌乳的原理和形成

• 從哺乳建立親密的橋樑：淺談乳房的構造與發育 ⋯⋯⋯⋯⋯ *020*

　　認識乳房的解剖構造

　　觀察乳房的外部構造

　　關於乳房的發育

　　乳房發育異常的情況

　　為什麼我的乳房左右大小不同？

• 為寶寶的到來做好準備：奶水的分泌與多寡 ⋯⋯⋯⋯⋯ *030*

　　奶水分泌的不同階段

　　「泌乳素」與「催產素」如何影響奶水分泌

Chapter 2　順利展開哺乳之路的行前準備與考量

• 產前準備　母乳的成分與好處 ⋯⋯⋯⋯⋯⋯⋯⋯⋯⋯⋯ *044*

　　母乳是動態變化的萬能食物

　　無可取代的母乳

　　母乳與配方奶的差異

• 產前準備　瞭解新生兒的天性與需求 ⋯⋯⋯⋯⋯⋯⋯⋯ *052*

新生兒的特性

新生兒的本能

如何判斷寶寶餓或飽

正確的含乳姿勢

• 產前準備　哺乳計畫的準備與須知 ⋯⋯⋯⋯⋯ *060*

提早與家人溝通

建立正確觀念並做好準備

必須先思考清楚的問題

擬訂計畫的三大重點

• 產後支持　選擇支持哺乳的生產環境事半功倍 ⋯⋯⋯⋯ *070*

順利踏上哺乳之路

認識母嬰親善十措施

• 即時諮詢　讓泌乳顧問成為好幫手 ⋯⋯⋯⋯⋯⋯⋯ *088*

每位媽媽都需要個別的哺乳建議

認識「國際認證泌乳顧問」

認識華人認證泌乳照服員、泌乳指導與泌乳顧問

• 即時諮詢　找到適合自己的哺乳姿勢 ⋯⋯⋯⋯⋯⋯ *103*

舒服的哺乳姿勢與技巧

常見的哺乳姿勢

臨床上常見的錯誤哺乳姿勢

側躺式是安全的哺乳姿勢嗎？

• 即時諮詢　職場哺乳的準備與常見困境 ⋯⋯⋯⋯⋯ *119*

從懷孕開始為日後的哺乳做準備

哺乳模式與回歸職場的銜接

取得家人的支持

擠奶瓶餵的奶水使用原則

・即時諮詢　找出適合自己的擠奶模式 ⋯⋯⋯⋯⋯⋯⋯⋯⋯⋯ *129*

兼顧睡眠品質與擠奶

保持彈性的擠奶模式

擠出的奶量與技巧有關

吸乳器的使用時機與方法

・即時諮詢　打造屬於自己的超級應援團 ⋯⋯⋯⋯⋯⋯⋯⋯⋯ *135*

預防「人言可畏式的奶水不足」

當了父母，讓我們成為更好的人

不同階段的哺乳狀況與處理

・產後第一週：母嬰狀況的觀察與評估 ⋯⋯⋯⋯⋯⋯⋯⋯⋯⋯ *142*

適應不一樣的每一天

寶寶需要補充奶水的情況

乳房腫脹的排解方式

認識哺乳初期的乳頭疼痛

心情上的不適應

冷敷與溫敷的時機

乳頭出現小白點或擠出滲血的草莓奶怎麼辦？

・產後第二至四週：月子媽媽如何兼顧哺乳 ⋯⋯⋯⋯⋯⋯⋯⋯ *158*

選擇適合自己的月子方式

母奶寶寶的觀察及照顧重點

寶寶的特性與互動建議

•寶寶一至六個月大：哺乳育兒生活的建立與成形 ⋯⋯⋯⋯⋯ *172*

適合自己的最好

在家以外的地方也能自在哺乳

建立人脈網絡

認識寶寶想要喝奶的訊號

•寶寶六個月至兩歲大：慢慢脫離單純哺乳的階段 ⋯⋯⋯⋯⋯ *179*

寶寶的第一口副食品

寶寶咬乳頭怎麼辦？

認識寶寶罷奶

寶寶的 NG 食物

開始吃副食品，還要繼續哺乳嗎？

•寶寶的首場畢業典禮：自然離乳的方法與時機 ⋯⋯⋯⋯⋯ *190*

自然離乳的時間與考量

安全又開心的離乳原則與方法

緊急離乳的情況

寶寶離乳後，媽媽的身心變化

持續哺乳的好處

•哺乳媽媽的生理狀況與需求 ⋯⋯⋯⋯⋯⋯⋯⋯⋯⋯⋯⋯⋯ *203*

月經週期會影響泌乳量嗎？

哺乳期的避孕方法與性行為

人工生殖助孕可以哺乳嗎？

孕期哺乳的常見考量

如何接力哺乳？

Chapter 4 關於媽媽與寶寶的疑難雜症

• 回歸日常的飲食與保養 ·································· 210

　　哺乳媽媽的飲食

　　哺乳期的衣著

　　舒適自在的哺乳與育兒動線

　　育兒的好幫手

　　Me Time：我的專屬時間

　　寶寶因母乳產生過敏反應時該怎麼辦？

• 特殊狀況的哺乳協助 ································· 227

　　再度泌乳與誘導泌乳

　　乳頭太大或凹陷的哺乳選擇

　　哺乳的不愉快反應

• 建立寶寶的生活作息與睡眠型態 ················· 232

　　新生寶寶的睡眠特點

　　引導寶寶適應成人生活作息的方法

　　認識安全的寶寶睡眠環境

　　關於寶寶的頭形

• 寶寶的體重與口腔保健 ··························· 243

　　寶寶「真的」體重增加不良？

　　認識舌繫帶過緊

　　嬰幼兒蛀牙與哺乳的關係

• 協助寶寶找回吸吮乳房的本能 ··················· 256

寶寶拒絕含乳的原因及預防方法

親餵與瓶餵之間的轉換

早產兒的哺餵轉換與建議

多胞胎的哺乳方式

寶寶餓個幾餐會回到乳房上嗎？

• 哺乳媽媽的乳房病症與養護 ⋯⋯⋯⋯⋯⋯⋯⋯⋯⋯⋯ *269*

乳腺阻塞不慌張

乳腺炎的症狀

令人害怕的乳腺膿瘍

乳腺阻塞和發炎的地方有硬塊，需要用力推開嗎？

• 哺乳媽媽的身心關照要項 ⋯⋯⋯⋯⋯⋯⋯⋯⋯⋯⋯⋯ *281*

周產期憂鬱症與哺乳

醫療狀況或用藥考量

哺乳期間的麻醉與手術

不建議哺乳的身體狀況

爸爸也會產後憂鬱嗎？

哺乳藥物資料庫

• 關心妳的乳房 ⋯⋯⋯⋯⋯⋯⋯⋯⋯⋯⋯⋯⋯⋯⋯⋯⋯ *292*

乳房檢查與追蹤

哺乳期常見的手術與腫瘤

給讀者的一封信　泌乳家庭需要尊重與高品質的泌乳支持服務 ⋯ *299*

從乳房結構瞭解泌乳的原理和形成

從哺乳建立親密的橋樑：
淺談乳房的構造與發育

哺餵母乳是寶寶和媽媽之間無可取代的親密互動。而乳房，這項女性所擁有的獨特身體特徵，在這樣的親密互動中擔負了重要的角色。但我們往往只是「看過」自己的乳房，對於乳房的構造、發育情形則一知半解，更別說是好好愛護了。認知到乳房的重要性，就更應該瞭解關於乳房的大小事。

● 認識乳房的解剖構造

乳房的構成主要由乳腺組織以及脂肪組織混合而成，乳房的大小除了跟乳腺組織的發育有關，也和乳房裡面脂肪的比例多寡有關係。所以，較大的乳房有可能是乳腺組織較多，也有可能只是脂肪組織多。

非懷孕狀態的婦女，乳房組織約兩百公克。懷孕接近足月時，乳房大約會成長到四百至六百公克。進入泌乳期，甚至可達六百至八百公克。

許多女性都會發現自己左右乳房的大小不太對稱，通常左乳房會比右乳房大。一般臨床上，兩側乳房尺寸相差一個罩杯都還算正常。假如相差到兩個罩杯，也都在還可以接受的程度。但若相差超過兩個罩杯以上，建議找乳房專科醫師檢查，排除內部潛藏腫瘤的可能性。

　　乳房內有八至二十五片乳葉，乳葉內為充滿乳腺泡的乳小葉叢。每片乳葉約有十到一百個乳腺泡，分布在乳腺小管系統中。乳腺小管從乳葉分支出來後，匯聚到乳頭後方的輸乳管，乳管分支非常靠近乳頭，在排乳時會變寬，排出奶水後又變窄，而當奶水沒被移出時，會回流到收集奶水的乳腺管中貯存。

　　媽媽的奶水是來自於乳腺組織。從乳腺泡中分泌出來，經過乳腺小管，匯集到乳腺管，之後聚集到乳頭後方，然後流出體外。因此不論人種，乳腺組織都是由八至十五個乳小葉構成，在孕期與泌乳期間受到荷爾蒙刺激，開始分泌奶水。因此，乳房的大小與產乳量沒有正相關，乳房尺寸小，並不代表奶水分泌會比較少。

觀察乳房的外部構造

　　乳房的位置大致是在人體第二到第六肋骨之間，從皮膚表面看來，包括乳頭、乳暈，以及蒙哥馬利腺體。

　　我們較為熟知的乳頭及乳暈複合體，在哺乳時為新生兒提供了吸吮目標。乳頭直徑通常平均是〇‧六公分，長度是〇‧七公分左右。乳暈

是包圍乳頭的深色區域，平均直徑是六‧四公分。乳頭構造主要包括平滑肌群，是內部放射狀、外部環狀的肌群，可以在平滑肌收縮時讓乳頭的開口閉合，避免奶水滲出。此外，收縮時也能使乳頭維持挺立。

平時我們較為陌生的蒙哥馬利腺體，是長在乳暈上的點狀構造，多半在懷孕與哺乳期間才會變得較為明顯。腺體當中含有皮脂腺、乳腺導管與汗腺開口，並且會分泌出潤滑與保護乳頭的物質，也會分泌出氣味，讓嬰兒能辨認出媽媽的味道。有些女性懷孕時，會發現乳暈上蒙哥馬利腺體的開口變得明顯而前往乳房外科就診，其實這是正常的生理現象，不需要過於擔心。

乳頭及乳暈在懷孕與產後會出現的另一個明顯變化，就是表面色澤變深，那是因為含有黑色素細胞所致。由於顏色變深，可使新生兒在「乳房爬行」時更容易找到乳頭及乳暈並含上乳房，對寶寶是很重要的視覺引導。

● 關於乳房的發育

乳腺組織的發育

乳房的組織從胚胎階段就開始發育。乳腺組織分布在乳房的淺層筋膜下方，最初生成的組織是乳腺芽（mammary buds），接下來形成乳腺泡，接著發育出乳腺管與乳腺管的分支，在胎兒三十二週大之後就會形成內腔與管道。這樣的發育程序會一直緩緩地持續進行，且乳腺的發育會持續到青春期。

乳房組織的增生隨著身體發育的步調，逐步發育出乳葉、乳腺泡、

乳房的解剖與構造細部

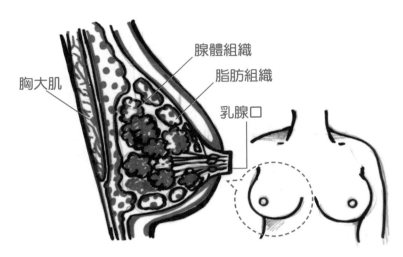

胸大肌

腺體組織

脂肪組織

乳腺口

乳葉：乳房內有8～25片乳葉，以乳頭為中心呈放射狀分布，每片乳葉均有單獨的輸乳管。

乳腺組織：包含乳小葉、乳腺小管

輸乳管

乳腺小管：從乳腺泡中分泌出乳汁，經過乳腺小管匯集到輸乳管。

乳小葉：每片約有10～100個乳腺泡，分布在乳腺小管系統中。

乳腺管與周圍的脂肪組織。進入青春期之後，因為體內荷爾蒙的變化，對乳腺造成刺激開始發育，同時脂肪開始增加，造成乳房外觀上的變化，一般來說，正常的乳房發育分為五個時期：

- 第一個時期：青春期以前，乳房未發育。
- 第二個時期：大約十歲左右開始，因為進入青春期，乳頭後方的乳腺芽開始生長。乳頭周圍開始呈現圓丘形隆起，乳暈開始變明顯。
- 第三個時期：乳房變圓且突出，乳暈變得更明顯。
- 第四個時期：乳房迅速增大，乳暈和乳頭持續增大變明顯，且較乳房更隆起突出，乳房內的脂肪組織增加，乳房逐漸變得柔軟。
- 第五個時期：乳房持續發育成熟，達到成人的尺寸，乳頭變得明顯，乳暈會恢復到與乳房表面齊平。

　　女性初經來潮之後，乳房仍會持續發育，直到懷孕時期才會發育完全。月經週期由於荷爾蒙變化的刺激，會刺激乳腺管增生和乳腺活躍生長，這樣的情形會持續到大約三十五歲。

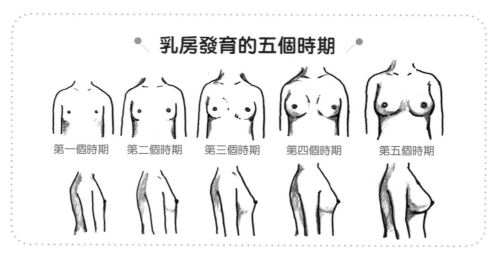

乳房發育的五個時期

第一個時期　第二個時期　第三個時期　第四個時期　第五個時期

乳頭及乳暈的形成

乳頭及乳暈由特定的細胞分化後，形成淺層的上皮凹陷，也就是乳小凹（mammary pit）。人在胎兒期約十五至二十五週大時，乳小凹會向前突出，形成乳頭及乳暈，如果這個過程沒有成功地發育到向前突出的狀態，就會形成乳頭內凹。

乳房的神經支配

乳頭及乳暈一帶部位的神經分泌十分密集，所以說到乳房的神經支配，主要是與乳頭及乳暈的感覺相關。

乳房的神經傳導主要來自第四肋間神經，第四肋間神經離開脊椎後，從背部沿著肋骨，再往前進入乳房後方，由外下側進入乳頭及乳暈。從正面看，左乳的神經大約是從四點鐘方向進入，右乳的神經則大約從八點鐘方向進入乳暈。

既然是負責乳頭及乳暈的神經傳導，可以想像的是，萬一第四肋間神經受傷，會造成乳房失去感覺，甚至讓乳頭及乳暈也感覺異常。所以臨床上有些婦女接受隆乳或縮乳手術時，切斷第四肋間神經致使神經受損，在哺乳期間，便會影響泌乳素與催產素的分泌，而較難引起排乳反射，有可能造成奶水分泌不足的問題。

● 乳房發育異常的情況

乳房發育可能會因為疾病或某些藥物治療、放射線治療，又或是手術、外傷等，導致乳腺管發育不全，或是出現畸形的變化。

副乳頭

　　胚胎於母體內發育成胎兒期間，從腋窩到腹股溝間的雙側乳腺（milk line），在出生後，若有應退化而未退化完全的乳腺組織，便可能合併發育出副乳頭。少數有此情形的女性於懷孕或泌乳期，也有可能使副乳頭變得更明顯。

副乳

　　乳腺組織大多分布在乳房裡面，當乳腺組織長在乳房以外的位置，就稱為副乳。副乳最常出現在靠近腋下的部位，但是就外觀看來，腋下類似有副乳構造時，還需要進一步評估內部是否存在乳腺組織。有些人只是脂肪堆積形成類似副乳的狀況，有些人則是內部有乳腺組織。

　　副乳內部若有乳腺組織，會受到懷孕荷爾蒙刺激，使得副乳增生變大，或在產後初期的生理腫脹期也跟著腫脹，這時請媽媽多冷敷副乳組織，不需刻意擠壓或按摩，只要過了產後前幾天的生理腫脹期，副乳組織就會逐漸消腫，恢復原本的狀態。若持續紅腫熱痛，才需要就醫治療。臨床上常見到懷孕或產後的媽媽，因為腋下副乳增生感到困擾而就醫。有少數的個案，副乳頭合併副乳組織，甚至可能分泌出奶水。另外，也有女性因為乳房外上側偏腋下處聚集了較多脂肪組織，這些組織被當作副乳，而轉診至乳房外科。

乳房肥大（過大乳房）

　　乳房肥大通常是受到過多的激素刺激，或是對激素的刺激極為敏感，造成一側或雙側乳腺過度發育，超過一般乳房的尺寸及重量。目前

普遍認為乳房重量超過一千五百公克即是乳房過大，超過兩千五百公克則為巨乳症。

　　懷孕期間常有乳腺組織增生的現象，是造成乳房過大的常見原因之一，發生率大約是兩萬八千分之一或是十萬分之一。大約在懷孕期第十六至二十週開始，少數孕婦的乳腺會快速增生，甚至造成乳腺炎。雖然有些懷孕或哺乳婦女會面臨乳房過大的問題，不過大多數在生產後或是停止哺餵母乳之後，就會恢復原來的大小。

乳腺組織發育不良

　　有些情況會生長成管狀乳房或結節狀乳房，又或者有乳暈過大，或兩側乳房不對稱的情形。這些發育不良的情況，也會因為乳腺組織不足（參照第 28 頁圖）導致泌乳量不夠。

　　從整形外科的角度，可將乳房的外形簡單區分為四種類型：第一型為內下方發育不良，乳房下方內側形狀較不飽滿；第二型為下方內側與外側均發育不良，但是乳房下方的皮膚是足夠的；第三型是下方內側與外側均發育不良，同時合併乳房下方的皮膚不足；第四型是嚴重內縮，乳房幾乎沒有發育。

　　還有一種特殊病症，稱為「波蘭式症候群」，是指單側乳房發育不全，並且合併該側胸肌與胸腔發育不全。

乳頭異常

• 乳頭內凹：這會使得乳頭及乳暈的延展性受限。大約有 3% 的婦女是真正的乳頭內凹，即使經由外力推擠，乳頭仍無法突出。臨床上有些

正常發育的乳房與發育不良的四種類型

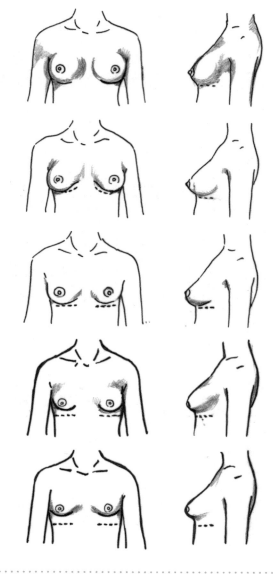

發育良好的乳房

第一型
乳房下方內側發育不良，形狀較不飽滿。

第二型
乳房下方內側與外側均發育不良，但下方的皮膚足夠。

第三型
乳房下方內側與外側均發育不良，同時合併下方的皮膚不足。

第四型
乳房嚴重內縮，幾乎沒有乳房發育。

乳頭是「偽內凹」，也就是看起來是內凹的，但推擠後，乳頭就會外翻出來。

- 扁平或短柄乳頭：看起來是外翻，但推擠後反而會內縮。
- 球莖狀乳頭：乳頭可能會過大，使得嬰兒不容易含住乳頭。
- 酒窩狀乳頭：乳頭被乳暈包覆，增加浸潤的風險。
- 分叉乳頭：乳頭成分叉狀或是多個乳頭聚集在一起。
- 乳頭旁贅瘤（skin tag）：此為小型良性皮膚增生，有些人在懷孕期間會出現這樣的症狀。

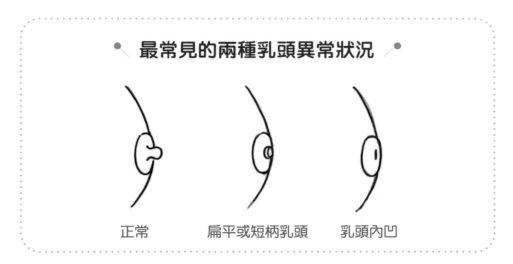

最常見的兩種乳頭異常狀況

正常　　　扁平或短柄乳頭　　　乳頭內凹

乳腺組織或是乳頭發育異常，雖然常常伴隨泌乳量變異，但並不一定完全無法哺乳。當懷疑乳房發育異常時，可以先找乳房外科進行相關檢查，若非腫瘤相關問題，則可以持續哺乳。但是若泌乳量不足，建議尋求專門的泌乳顧問加以檢視或調整。

為寶寶的到來做好準備：
奶水分泌的多寡

　　臨床上常聽到新手媽媽煩惱奶水不足，特別是胸部比較小的產婦，更常有這樣的擔心。事實上，女性的奶水並不是在生完孩子後才分泌，而是早在懷孕四、五個月時就已經慢慢醞釀，這也是為什麼女性懷孕期間胸部都會變大。

　　有些媽媽的乳房變化幅度比較明顯，有些則只會稍微變大，這都屬於正常現象。孕期乳房變化的大小，無法預測日後的泌乳量，但若完全沒有變化，建議找醫師或泌乳顧問討論可能的原因。

　　因此，即將成為媽媽的女性要對自己有信心，別再焦慮自己生產完會沒有奶水，要很自信地告訴自己，「我已經為孩子準備好初乳了！」

奶水分泌的不同階段

泌乳第一期

　　從懷孕中期大約到十六至二十二週開始，乳房中的乳腺組織就會開始產生奶水，因此從懷孕中期到生產這個階段，便可算是泌乳的第一期。大部分孕婦在孕期的乳房都會增大，甚至有些孕婦臨盆前已經有泌乳的現象：有的孕婦會發現乳頭上有像皮屑的奶垢，或是碰觸到乳房時就有奶水可以擠出，也有孕婦發現內衣上有少許分泌物，這些都是正常的狀況，通常不需要特別處理，保持乳頭皮膚的乾燥涼爽即可。如果內衣太緊造成壓迫或悶熱，就暫時少穿內衣，或是更換大一點的尺寸。如果出現罕見的脹痛不適或硬塊，則建議就醫檢查。

　　因此，寶寶出生後所喝到的初乳（colostrum），早在懷孕中期就開始於母體內製造，量少但富含抗體，提供初生嬰兒前幾天最需要的保護。除了提供保護力，初乳也有輕瀉作用，能夠幫助初生嬰兒排出胎便，降低黃疸，對剛出生的寶寶非常重要。

TIPS

建議孕婦選擇合身舒適的內衣，同時可以考慮選購比原先尺寸大兩個罩杯的胸罩，避免壓迫逐漸脹大的乳房。當乳房感到腫脹，不建議刻意按摩乳房，以免過於用力導致乳房受傷。如果有產前手擠奶的需求，或是因為孕期脹奶造成不適，應該請婦產科醫師或泌乳顧問評估協助。

泌乳第二期

產後二至三天，算是泌乳的第二期。相較於第一期，這時產婦的乳汁會開始變多。那是因為隨著寶寶出生、胎盤娩出，體內荷爾蒙改變，身體製造大量的奶水。

生產完約三十至四十小時後，媽媽會感到乳房脹脹熱熱的，奶量也會明顯增加。有些媽媽會因為乳房突然過於腫脹，覺得快要脹破了，這是泌乳初期的正常變化，有人稱這種現象為「石頭奶」。

如果要預防石頭奶，最重要的是產後盡快練習如何哺乳或擠奶，在乳房脹起來前盡量讓奶水暢通。如此一來，當奶水變多時，就能藉由寶寶的頻繁吸吮，緩解乳房腫脹的不適感。度過第一週的腫脹期，就會舒服很多。

TIPS

為了順利排出奶水，這個時期請媽媽頻繁哺乳或以手擠奶，保持乳腺通暢。可以使用一些緩解乳房與乳暈腫脹的按摩方式，務必輕柔地對待乳房。在哺乳、擠奶的空檔多冷敷乳房或是敷高麗菜葉，大約兩、三天後，腫脹會逐漸消退。（請參照第 148 頁的「乳房腫脹的排解方式」）

生的高麗菜葉內含酵素，在乳房腫脹時敷上高麗菜葉有消腫的效果，在一些冷敷材料不容易取得的地區，是很好用的方式。當然若冷敷材料容易取得時，直接用冷毛巾或冷敷墊敷在乳房上也是很好的消腫方法。

泌乳第一期與第二期，均是受荷爾蒙影響所引發的自然泌乳生理機制，與媽媽是否有意願哺乳或產後寶寶是否吸吮乳房都無關。也就是說，只要是一般的懷孕分娩，並未進行特殊醫療行為，如產後大出血或產後立刻給予退奶藥物等，乳房都會在懷孕中期開始分泌初乳，也會在產後頭兩、三天開始變脹，提供寶寶所需的奶水。

建議每位孕婦都應該在孕期就先瞭解這些可能的變化，產後盡早開始哺乳、擠奶，把握關鍵時期建立奶量，也要學會觀察乳房與手擠奶，以便在乳房腫脹時緩解脹痛。

泌乳第三期

從泌乳第三期開始到離乳前的整個泌乳期間，泌乳量都是由供需機制所調控，稱為「腺體自我調控」。意思是移出多少奶水，乳腺就會分泌相對應的奶水量，逐漸達成供需平衡的狀態。

同時，這個階段有兩種對泌乳狀態有關鍵作用的荷爾蒙，分別是「泌乳素」（prolactin）與「催產素」（oxytocin）。泌乳素決定泌乳量，催產素決定奶水是否能順暢地流出，兩者相輔相成，讓媽媽的身體製造出符合寶寶需求的奶量，使寶寶喝到足夠奶水。就算是多胞胎的媽媽，也能分泌足夠的奶水滿足每位寶寶的需求。

泌乳量自我調控的關鍵成分是「抑制素」（FIL，feedback inhibitor of lactation），這是奶水裡的一種蛋白質。當乳房中奶水累積得較多，抑制素含量也會提高，以抑制接下來的奶水製造。反之，若乳房中的奶水被移出了，抑制素含量則會降低，加快奶水的製造速度。要注意的是，

有些媽媽習慣等到脹奶才擠奶或餵奶，這會使奶水製造的速度下降，奶量也將漸漸減少。

TIPS

產後如果沒有擠奶或哺乳，乳房大約會在第十四天停止泌乳。若媽媽在寶寶出生後就開始哺乳或擠奶，過了乳房的腫脹期就會轉為泌乳第三期，也就是供需平衡的時期。而泌乳素與催產素無法用食物補充，頻繁哺乳或擠奶才能有助於增加泌乳量。

調控奶量的關鍵成分

抑制素（feedback inhibitor of lactation, 簡稱 FIL）

當脹奶時，乳房中抑制素含量高，奶水製造的速度會變慢。

當軟奶時，乳房中抑制素含量低，奶水製造的速度變快。

若以工廠製造產品的供需狀態為比喻：收到越多的訂單，工廠就會努力增加產量，這時工廠會消耗儲存的原料，也會訂購原料以應付未來的訂單。當寶寶吸吮越多，移出越多奶量，就像對媽媽的身體下了許多訂單，媽媽的泌乳量就會增加到符合寶寶的需求。

在大量泌乳的狀況下，媽媽會消耗懷孕時儲存在身上的熱量，也會容易感覺口渴或肚子餓，建議媽媽依照身體的需求補充食物，讓努力泌乳的身體補足充分的能量。

臨床上常有人問我，要吃什麼或是喝什麼增加奶量，其實缺少訂單，就算送再多原料進工廠，只會存在倉庫裡，並不會增加產量。所以單純依靠產後發奶飲食很難有效增加奶量。按照寶寶需求頻繁餵奶或擠奶，讓身體知道寶寶所需的泌乳量，才是增加奶量的關鍵。建議媽媽「餓了就吃，渴了就喝」，身體會自然調節，更有助於產後恢復身材。

此外，有些媽媽以為軟奶就是奶水不足，擔心寶寶喝不飽。其實軟奶也是有奶水的，而且奶水分泌速度更快，新手媽媽在追奶時若是經常感覺軟奶，是很正常的現象。所以，要是希望奶量增加，請依照寶寶的需求頻繁哺乳或擠奶。要是希望奶量減少，就在依照寶寶需求哺乳或擠奶之餘，避免過度擠奶，以免持續軟奶，反而讓奶水分泌得更快更多。總之，奶水是「移出越多，製造越多；乳房越軟，製造越快」。從一開始就依照寶寶需求哺乳或擠奶，正是提升日後奶量的關鍵！

有些媽媽想哺餵領養的孩子或是代理孕母產下的孩子，也可以不經過泌乳第一期和第二期，藉由吸吮與擠奶刺激乳房分泌奶水，這稱為「誘發泌乳」，其原理是相同的。

臨床上只有非常少數的媽媽由於先天乳腺組織不足，無法製造足量的奶水給寶寶喝，但通常可以做到部分哺乳。也有些媽媽由於腦下垂體或內分泌疾病影響泌乳量，或是因手術導致神經受損，造成泌乳素反射與催產素反射未能正常運作影響泌乳功能。建議這些媽媽尋求泌乳顧問的評估與協助，獲得適合自身狀況的專業意見。

●「泌乳素」與「催產素」如何影響奶水分泌

在前述的〈泌乳第三期〉中提到，「泌乳素」與「催產素」這兩種會對泌乳產生關鍵作用的荷爾蒙。接下來，就讓我們進一步瞭解「泌乳素反射」與「催產素反射」誘發奶水分泌的運作原理。

多餵就多奶：泌乳素反射

嬰兒吸吮乳房時，會刺激乳暈的神經，神經傳導沿著肋間神經回到脊髓，再往上傳到腦部，刺激腦部的腦下垂體分泌泌乳素。泌乳素經由血液循環輸送到全身，泌乳素主要作用在乳房，刺激乳腺細胞分泌母乳。

泌乳素反射的運作

嬰兒吸吮刺激

↓

腦下垂體分泌泌乳素

↓

血液循環輸送泌乳素

↓

刺激乳腺細胞分泌母乳

　　泌乳素反射的關鍵時期，是在產後第一週。寶寶吸吮得越頻繁，泌乳素就會分泌得越多，促使日後乳腺組織泌乳的能力越好。好比一家餐廳剛開幕時，上門的客人很多，餐廳老闆就必須安排好充分的備料和足夠的人手，日後應付較多客人也沒問題。若一開始來客數就很少，老闆覺得不需要準備太多人手和材料，突然大量湧入客人時，出菜速度便跟不上客人的點菜速度。

　　泌乳素是在夜間濃度較高，所以夜間也哺乳，能讓泌乳量隨之提升。建議媽媽盡可能學會躺著哺乳，才能邊哺乳邊休息。若是以擠奶為主的媽媽，建議白天頻繁地擠奶，晚上保留一段大約五至六小時的較長睡眠時間，可以兼顧擠奶與休息。

基本上，只要移出越多奶水，身體就會製造越多奶水。有些媽媽非常認真擠奶，因此奶量大增，遠遠超過寶寶的需求，冰箱裡儲存了滿滿的母奶。

看著冰箱裡有許多母乳可能讓人感到放心，卻在不知不覺中消耗了媽媽的時間與體力（還有冰箱的電力）。更麻煩的是，若沒時間擠奶或餵奶，乳房就會脹痛，甚至引起乳腺阻塞或乳腺炎，這都是我們不樂見的狀況。媽媽的奶量與寶寶需求達成供需平衡，才是最理想的狀態！

通奶先通腦：催產素反射

　　與泌乳素相同，催產素也是藉由嬰兒吸吮乳房，刺激乳暈的神經，神經傳導沿著肋間神經回到脊髓，再往上傳到腦部，刺激腦下垂體分泌催產素，催產素經由血液循環輸送到全身。然而與泌乳素不同的是，催產素除了在乳房產生作用，還會作用在子宮及腦部。

　　催產素對於乳房的作用，是刺激乳腺管周圍的肌肉細胞收縮，讓乳腺管內的母乳流出，讓正在吸吮的寶寶能大口大口地喝到母奶。假如使用吸乳器，也會看到奶水大量流出的現象，這稱為「排乳反射」（let down reflex）或「奶陣」，過去也稱為「噴乳反射」。催產素引發的泌乳型態是脈衝式的，類似海浪潮湧，一波來襲時流出大量奶水，暫停一些時間後再流出一波奶水。

　　由於兩邊乳房同時受到催產素的刺激同步泌乳，所以當媽媽以右乳哺餵時，經常發現左乳溢出或流出奶水。

催產素反射的運作

嬰兒吸吮刺激

腦下垂體分泌催產素

血液循環輸送催產素

刺激肌肉細胞收縮
讓母乳流出

　　從小就習慣親餵的寶寶，能夠知道媽媽的奶水分泌就是一陣一陣的，當與媽媽建立起彼此的默契與節奏，在奶水來時知道大口喝奶，奶水少時持續吸吮等待下一次的奶陣。這也是習慣大流速奶瓶餵食後的寶寶，要回到乳房哺餵時的常見困境，奶水太多時容易被嗆到，奶水太少時可能拉扯乳房或停止吸吮。

　　催產素對於子宮的作用，是促進子宮肌肉收縮，讓產後子宮盡早復原，所以哺乳可促進產後恢復，以及減少產後出血的機率。對於腦部的作用，是能夠讓媽媽情緒愉悅，身心放鬆，充滿母愛。

　　催產素又被稱為「愛的荷爾蒙」（love hormone），在媽媽經歷了生產、哺乳與育兒等種種生活轉變的同時，仍能自我調適，是身體內建的

放鬆模式。不只是媽媽，參與育兒的爸爸體內催產素也會增加，同樣能享有身心愉悅的效果。

另一方面，催產素雖然能促進心情愉悅，卻也反過來會受到心情影響。一定要記得，媽媽的心情好壞對催產素反射有關鍵性影響。當媽媽感到有自信，看到孩子的模樣、聽到孩子的聲音，或與孩子肌膚接觸時，有利於催產素反射。媽媽可能會溢奶，有時乳房會有刺刺麻麻的感覺，發現奶水自動流出來或噴出來。

相反地，當媽媽感到疲憊、焦慮、疼痛或不安時，就不利於催產素反射。臨床上這些媽媽的泌乳表現是乳房腫脹，乳腺分泌出很多奶水，卻因為催產素反射不佳，奶水無法順利流出，連帶地導致擠出的奶量或寶寶吸吮到的奶量不如預期。

TIPS

雖然生產方式可能影響泌乳，可是比起生產方式，生產過程的影響更大。生產與泌乳是一連串的流程，生產方式（自然產或剖腹產）本身對泌乳不一定造成影響，然而待產過程、生產時媽媽的身心狀況、用藥選擇，或是產後能否順利及早進行哺乳等，反而更影響泌乳狀況。所以鼓勵媽媽從產前開始做準備，選擇在自然、自主、有支持的環境下生產，對生產與哺乳都會是加分的！

因此，當媽媽脹奶不適或乳腺阻塞時，要注意哺乳、擠奶狀況是否良好，身心是否放鬆，是否有病痛影響，是否有壓力造成媽媽身心負

擔。找出催產素反射不順的原因並加以改善，才能有效解決脹奶問題。如果急於擠出奶水，過度按摩推擠乳房而造成不適疼痛，反而可能讓奶水更不通暢，更難解決脹奶問題。

　　準備迎接寶寶到來總是既緊張又興奮。既然已經知道從孕期就會分泌初乳，身體已經為哺乳做好初步準備，就別讓無謂的不確定感與擔憂干擾了期待新生命的愉悅心情。在充分理解泌乳的生理機制後，相信媽媽們便能夠在親餵母乳的路上踏出堅定的第一步。

TIPS

- 懷孕中期開始分泌初乳，產後會有量少且珍貴的初乳給新生兒。
- 產後約兩至三天會感覺奶水大量增加，乳房脹熱，請頻繁哺乳或擠奶以舒緩脹痛。
- 產後依照嬰兒需求哺乳或擠奶，是建立奶量與保持奶水順暢的關鍵。
- 媽媽保持心情愉快，可以減少脹奶不適的狀況。

順利展開哺乳之路的
行前準備與考量

母乳的成分與好處

我們知道母乳是寶寶最好的食物，可是哺育母乳不單單是為寶寶提供食物，還對母嬰的身心提供了許多正面效益。理解哺乳的好處、這些好處作用在哪裡，媽媽就能堅信自己的選擇。

母乳是動態變化的萬能食物

每種哺乳類動物的奶水成分皆不相同並各有特性，但都是為了小動物生存成長所預備的，這稱為「物種專一性」。例如牛奶的蛋白質比例比人的奶水高，適合出生後會快速增加體重的小牛。另外海豹的奶水脂肪比例接近 40%，近似於冰淇淋，適合小海豹抵禦極為寒冷的氣候。而人奶的乳糖比例是所有哺乳動物當中最高的，適合腦部成長最為快速的

人類新生兒。所以母乳是大自然為嬰兒準備好，最適合也最無可取代的
第一份禮物。

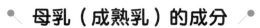

母乳（成熟乳）的成分

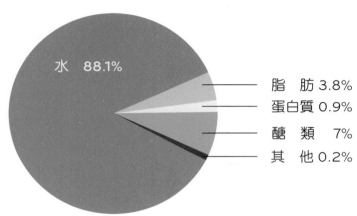

資料來源：Lawrence R. Breastfeeding: A gude for the medical profession. 4th ed.
St. Louis: Mosby-Year Book, Inc. 1994

人類乳汁中的成分

營養成分	非營養成分
水	Cytokines 及其他抗發炎物質
醣類	細胞
蛋白質	荷爾蒙 / 激素
脂肪	生長因子
非蛋白質之氮化合物	酵素
礦物質	未知物質
水溶性和脂溶性維生素	
微量元素	

以母乳中的抗體為例，當媽媽接觸到病原體時，免疫系統會產生抗體，讓媽媽自身能夠對抗病原體。若這位媽媽仍在哺乳，抗體便會經過乳腺細胞分泌至奶水中，**寶寶能夠藉由母乳將媽媽產生的抗體喝進體內。**當嬰兒接觸到病原體時，體內已經有媽媽製造的抗體對抗病原體，所以哺乳嬰兒就算生病，症狀也會比較輕微。

媽媽體內的抗體是動態變化的。事實上，母乳中的其他成分（生長因子、抗發炎因子、抗感染因子等）也都會隨著寶寶的成長有所變化，這也是為什麼新鮮的母乳是最符合嬰兒各個成長階段當下需求的食物。因此我們鼓勵媽媽持續哺乳，而不是擠出一大堆奶水囤積著當作庫存，希望讓寶寶能夠一直喝到最新鮮、最適合當下狀態的母乳。

TIPS

直接哺乳與擠奶瓶餵的效果並不一樣，當寶寶直接喝到奶水時，獲得的營養與抗體是最完整的。擠出的母乳由於保存或回溫等步驟，其中成分難免會有些許損耗。所以鼓勵媽媽們，只要和孩子待在一起，就直接哺乳，讓孩子獲得成分最完整的母乳，這可以說是「產地直送」的概念。媽媽與孩子必須分開時，就請媽媽擠出奶水，由照顧者餵給孩子喝，這是在沒有辦法親餵的情況下，讓寶寶至少能持續喝到母乳的替代方案。

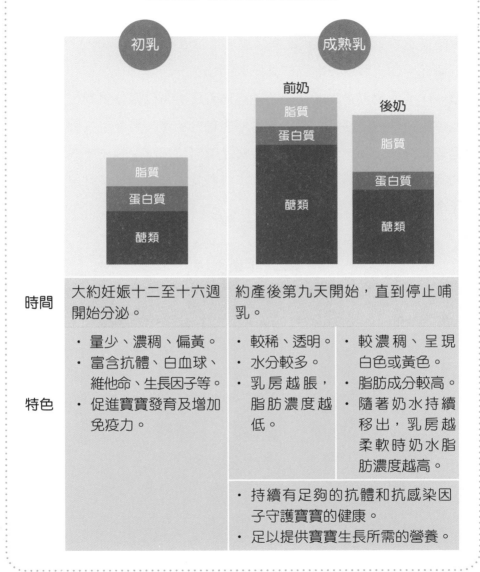

哺乳期母乳成分變化型

	初乳	成熟乳 前奶	後奶
時間	大約妊娠十二至十六週開始分泌。	約產後第九天開始，直到停止哺乳。	
特色	・量少、濃稠、偏黃。 ・富含抗體、白血球、維他命、生長因子等。 ・促進寶寶發育及增加免疫力。	・較稀、透明。 ・水分較多。 ・乳房越脹，脂肪濃度越低。	・較濃稠、呈現白色或黃色。 ・脂肪成分較高。 ・隨著奶水持續移出，乳房越柔軟時奶水脂肪濃度越高。
		・持續有足夠的抗體和抗感染因子守護寶寶的健康。 ・足以提供寶寶生長所需的營養。	

● 無可取代的母乳

　　現今已有許多研究證實，哺餵母乳對於媽媽和寶寶的身心狀態均有很大的益處。而且對於現代家庭來說，更是環保、省錢、便利的選擇。

　　母乳中的抗體會從哺乳的第一天到最後一天都持續存在。就算每天只餵一次或只餵很少量的母乳，裡面都有抗體可以保護寶寶。此外，母乳能持續提供孩子珍貴的營養、動態變化的抗體，以及生長因子，還能透過哺乳這項互動，培養媽媽與寶寶之間無可取代的親密感與安全感。只要媽媽願意餵奶，寶寶願意喝奶，我們就會鼓勵媽媽餵到自然離乳，彼此享受這段難忘的生命回憶。

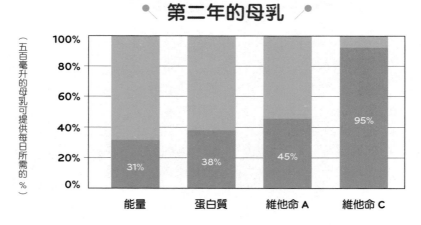

第二年的母乳

資料來源：Breastfeeding counseling: A training course. Geneva, World Health Organization. 1993 (WHO/CDR/93.6).

哺乳的主要好處

<table>
<tr><td rowspan="2">身體層面</td><td>能有效降低疾病風險，如：急性中耳炎、非特異性腸胃炎、嚴重下呼吸道感染、異位性皮膚炎、年幼兒童的氣喘、肥胖、第一與第二型糖尿病、兒童期白血病、嬰兒猝死症候群與壞死性腸炎等。</td><td rowspan="2">寶寶方面</td><td>幫助媽媽與寶寶建立情感聯繫。
寶寶較少哭、較容易安撫。
媽媽能更瞭解寶寶行為的意義，並有助兒童認知發展。</td><td rowspan="2">心理層面</td></tr>
</table>

寶寶方面

- 能有效降低疾病風險，如：急性中耳炎、非特異性腸胃炎、嚴重下呼吸道感染、異位性皮膚炎、年幼兒童的氣喘、肥胖、第一與第二型糖尿病、兒童期白血病、嬰兒猝死症候群與壞死性腸炎等。

- 幫助媽媽與寶寶建立情感聯繫。
- 寶寶較少哭、較容易安撫。
- 媽媽能更瞭解寶寶行為的意義，並有助兒童認知發展。

媽媽方面

- 促進子宮恢復。
- 減少產後出血。
- 降低缺鐵性貧血的機率。
- 降低停經前乳癌的機率。
- 降低卵巢癌與子宮內膜癌的機率。

- 增加哺乳媽媽的自信與成就感，以及內心的穩定。
- 幫助媽媽與寶寶建立情感聯繫。
- 媽媽更瞭解寶寶行為的意義。

身體層面 — **心理層面**

哺乳的其他好處

符合環保概念	自產自銷，減少配方奶製造、配送、行銷等相關環境損耗。
節省經費	媽媽飽孩子就飽，可以將購買配方奶的費用省下，作為其他開銷。
使生活更便利	媽媽帶著孩子及尿布就能出門，不用準備瓶瓶罐罐。

◗ 母乳與配方奶的差異

　　有人比喻配方奶和母奶就像燈泡和太陽，兩者雖然都能照明，但是太陽的功效比燈泡強太多了。母乳中含有抗體、抗發炎及生長因子，成分隨著寶寶的需求動態變化，具備比例剛好的乳糖與蛋白質，還有易於消化吸收並幫助腦部發育的脂肪。

　　另外，巨噬細胞與白血球可以抵抗感染，鐵質與維生素Ａ、Ｂ、Ｃ含量充足且容易吸收，更有許多其他營養與免疫的成分等，族繁不及備載。重點是，母乳中有許多嬰兒配方奶中無法人工合成添加的成分，兩者真的差別很大。

	母乳	配方奶	其他動物奶水
蛋白質	含量適當 容易消化	修正過	太多 不好消化
脂肪	適當的必須脂肪酸 含有消化酵素	脂肪酸不完整 缺乏酵素	缺乏必須脂肪酸 具消化酵素
鐵	少量 完全吸收	需額外添加 吸收不佳	少量 吸收不佳
維生素	足夠	添加維生素	缺乏維生素Ａ、Ｃ

　　目前尚無任何廠牌的嬰兒配方奶可以取代母乳，所幸目前研究發現，部分哺乳也能為寶寶提供營養、抗體、親密感與安全感，仍然比完全不哺乳好很多，假如媽媽奶水不足，適度地採用配方奶補充不足的奶

量是沒關係的。但若是媽媽奶水足夠，還是盡量鼓勵不要任意停餵母乳改吃配方奶。重要的是找出適合自己的哺乳生活方式，不論泌乳量多寡，都可以享有自己與**寶寶**獨一無二的哺乳生活。

　　媽媽要對自己有信心，人類天然的奶水絕對比人工合成的配方奶更適合人類嬰兒。最後用十個字總結一下母乳的好處：天然的尚好，有吃有保庇！

瞭解新生兒的天性與需求

期待許久，終於迎接小生命來到世上。寶寶出生後，面臨的又是一波全新挑戰。許多新手爸媽覺得自己總是手足無措地看著寶寶哭，不知道他是餓了、睏了，或是正在表達哪些需求。

雖然還不會說話，寶寶也努力地用自己的「語言」，嘗試著和爸媽「溝通」，只要善加觀察、體會，一定能讀懂他的心思。

◉ 新生兒的特性

人類新生兒出生時，腦部大約三百五十公克，在兩歲時大約會長到一千一百公克左右，已經達到成人腦部 80% 的大小，所以出生後頭兩年的營養對嬰兒成長至關重要。

人類嬰兒相對其他哺乳類動物的幼崽來說，比如牛、羊、狗、貓

等，是較不成熟的，許多物種的幼崽出生後就可以站立行走，而人類嬰兒要到產後一年左右才能走路。這是由於人類為了直立行走，犧牲了母親骨盆腔的寬度，子宮裝不下太大的胎兒，所以新生兒必須在相對不成熟的狀態下出生。這也使人類嬰兒相對脆弱，得在母體外經過成人細心呵護才能長大成熟。但不成熟的腦部也因此具有無窮的潛能，讓人類可以適應高山、平地、寒冷或溫暖等的各種生活環境。這是人類演化的結果，也是我們之所以發展出文明的原因。

所以要請媽媽和爸爸理解，照顧一個腦部不太成熟的新生嬰兒是件勞心又勞力的事情，需要全家人團隊合作才能更為輕鬆愉快。更重要的是，產後嬰兒快速成長改變，家長得跟著寶寶成長，練習觀察嬰兒，提供寶寶當下需要的照護與安撫，磨合出彼此適合的相處模式。

有些家長期待將寶寶定時定量「訓練」好，如此一來就能一勞永逸。遇上個性隨和的寶寶可能沒什麼問題，要是遇上很有主見或善變的寶寶，爸媽可能就會很挫折。所以不論是否哺餵母乳，都得學會觀察嬰兒，依照寶寶的需求餵食、照顧。

大多數嬰兒需要的，都是在媽媽的身體上直接吸吮乳房喝到奶水，這是我們身為哺乳類動物與生俱來的本能。以下較為詳盡的介紹，讓大家更瞭解新生兒。

新生兒的本能

寶寶的尋乳與吸吮反射

我們發現，健康足月的新生兒出生後就會出現尋乳反射，那是來

自哺乳類新生寶寶的本能。當寶寶的臉頰碰到物體時，會轉向物體那一側，讓他在媽媽身上可以將頭轉向乳房。

新生寶寶也有很強的吸吮反射，上顎受到刺激時就會開始吸吮的動作。吸吮乳房時，寶寶會張大嘴巴將乳暈含上，並運用口腔與舌頭擠壓乳暈，刺激媽媽的排乳反射，進而喝到奶水。

另外，寶寶也具有爬行反射，在媽媽身上會自行移動身體，逐漸往乳房靠進，利用五感自行含上乳房。寶寶會透過嗅覺聞到乳暈發出的氣味、經由視覺看到顏色變深的乳暈、以手觸摸到媽媽的乳頭、經由動作反射往乳房前進，也會用舌頭舔乳房，進而含上並吸吮乳房，讓五感得以充分發揮，這也是哺乳最初的關鍵步驟。

乳房爬行

健康足月的新生兒分娩後與媽媽即刻肌膚接觸時，寶寶其實很清醒，他會睜開眼睛，用手觸摸媽媽的皮膚與乳房，身體和四肢會移動，嘴巴會張開，舌頭會舔媽媽的皮膚，最後自行含上乳房開始第一次的吸吮，這個過程稱為「乳房爬行」（breast crawl）。

通常新生兒需要六十到九十分鐘完成第一次的吸吮乳房與喝到初乳，接著會沉沉睡著，同時媽媽也會感到放鬆並睡意襲來，接著進入睡眠以緩解生產的疼痛與不適。

新手爸媽想瞭解寶寶乳房爬行的狀態，可掃描右方條碼，參考 WHO 製作的影片。連結為：https://www.youtube.com/watch?v=b3oPb4WdycE

正確的含乳姿勢

嬰兒未受干擾的情況下含上乳房時，含乳姿勢多是正確而標準的。而在干擾嬰兒正確含乳的原因中，最常見的是過早使用奶瓶餵食，其他還包括將嬰兒包裹得太厚重、抱嬰姿勢讓彼此不舒服、催產藥物影響新生兒清醒程度，或是媽媽的乳房及新生兒口腔有不利含上乳房的狀況。

以下幾點是臨床上觀察嬰兒含乳時的重點：

- 嘴巴張大。
- 下巴緊貼乳房。
- 下唇外翻。
- 下乳暈含得比上乳暈多。

家長無法「教導」新生兒如何正確含乳，只能在寶寶想喝奶時讓他靠近含上乳房，這樣既不會造成媽媽的疼痛，寶寶也能正確吸吮，喝到乳房中的初乳或母乳。

若媽媽想協助寶寶含乳，盡量不要把乳頭硬塞進寶寶嘴裡，這樣不僅含乳太淺，也很容易使乳頭受傷。請將寶寶靠近自己並抱著，讓寶寶的鼻頭和上唇接觸乳頭，這時寶寶會張開嘴巴或是伸出舌頭舔乳房，接著讓寶寶的下巴靠近乳房，寶寶便會張大嘴含上乳房。

正確的含乳姿勢，乳頭應該不會感到疼痛，僅有輕微的不適，且在寶寶吸吮幾口後，不適感即會消失。掃描右方條碼，可於 GLOBAL HEALTH MEDIA 網頁上的影片觀察寶
寶含乳的姿勢。連結為：https://globalhealthmedia.org/videos/

正確含乳姿勢

1. 鼻頭對乳頭，引導寶寶張嘴。

2. 寶寶嘴巴張大，下巴貼上乳房。

3. 下唇外翻，下乳暈含得比上乳暈多。

錯誤含乳姿勢：

寶寶下巴未緊貼下乳暈，只吸到乳頭。

♦ 如何判斷寶寶餓或飽

觀察寶寶想喝奶的訊號

寶寶想喝奶的時候會有一些身體表現，例如張口舔舌，發出嘖嘖聲，頭左右晃動，抱在人身上時將頭鑽向乳房，開始吸吮自己的手、衣服、包巾或爸爸的手臂等。這是哺乳的最佳時機，這時寶寶會較有耐心，願意主動含上並練習吸吮乳房。

如果等到寶寶太餓或不耐煩、大哭時才哺乳，通常寶寶認真吸吮數分鐘即停止或睡著，因為已把力氣用在哭泣，無法好好練習吸吮乳房，但一離開乳房，就又哭泣討奶，常有媽媽因此懷疑自己奶水量不足，開始添加配方奶。

有時寶寶根本不願意含乳，即使乳房中有奶水。這種狀況特別容易發生在使用過奶瓶餵食的嬰兒身上。對嬰兒來說，從奶瓶喝奶的方法與含乳不同，如果寶寶較熟悉並習慣用奶瓶餵食，逼他在很餓時練習不熟悉的親餵，只是加深寶寶對乳房的不良印象。

想改善上述情形，請練習觀察寶寶，多進行肌膚接觸，在寶寶想吃但還不是太餓時就哺乳，情況通常會逐漸好轉。

寶寶喝奶的間隔

一般新生兒一天需要八至十二次的哺餵，而且並非平均三至四小時喝一次，有時會很密集，每小時都想喝奶；有時不想喝一直睡，醒來只喝兩口奶就又睡著了。只要是讓寶寶「無限暢飲」的情況下，這些都是正常現象，不須限制嬰兒哺乳的時間或時機，讓寶寶自己決定要吃多

少、花多久時間吃。隨著寶寶逐漸成長，吸吮的技巧與力道越來越好，單次哺乳的時間會縮短，哺乳次數也會減少。

依照寶寶需求哺乳，可以讓寶寶調節自己的食欲，不會吃不飽也不會吃過量，減少日後肥胖的風險，也能使媽媽的泌乳量與寶寶的食量達到供需平衡，媽媽不用擔心奶水不夠，也不會一直感到脹奶不舒服。當媽媽與寶寶度過磨合期，建立起彼此餵奶的默契，哺乳就會輕鬆許多。媽媽與寶寶共處時就舒服地哺乳，若媽媽出門的時間較長，就擠出母乳由照顧者以奶瓶餵食。所有與孩子在一起的時間都要專心陪伴孩子，而不是花時間在擠奶或洗奶瓶，這樣才是最適宜的選擇。

在這個對數字斤斤計較的時代，家長的擔心通常都是：「我沒有看到寶寶喝的量，不知道他有沒有喝飽」我會開玩笑地告訴家長，如果我們開一間吃到飽餐廳，只需要滿足一位顧客，餐廳老闆該做的事情是讓顧客想吃就吃、吃到滿意，酒足飯飽賓主盡歡？還是規定顧客在固定的時間，吃完餐廳提供的量，才叫確定吃飽了？通常這樣比喻大部分的家長就會理解，其實重點不是數字，而是嬰兒是否飽足並滿意。所以練習觀察寶寶才是最實際的。更棒的是，寶寶酒足飯飽的「奶醉」模樣真是超級迷人又可愛，無敵療癒！

如果寶寶哺乳時以熟睡或自行離開乳房結束，表示這餐已經吃到想吃的奶量。但別忘了，新生兒頻繁喝奶是非常正常的，這餐吃飽了，不表示下一餐不需要吃。也沒辦法規定寶寶每餐都要吃到非常撐，久久才喝奶一次。吃奶的頻率與每個寶寶的成熟程度和消化狀況有關，強迫餵食通常只會造成頻繁地溢吐奶，家長還得忙著幫寶寶換衣服，徒增困擾。

有沒有喝飽，就看便和尿

　　一個飽足的嬰兒，相對地會有充足的排泄量，所以家長要記得觀察嬰兒的尿尿、便便，以及體重的變化。請記得是以一整天的總排泄量來看。寶寶有時會頻繁地排尿、排便，或睡得很熟沒有排泄，如果整天下來排泄量在正常範圍內，繼續保持觀察即可，以下提供三個觀察方向：
（請參閱第 144 頁＜新生寶寶的哺乳與排泄參考表＞）

- 排尿正常：出生第一天尿濕一次，接著每天增加一次，到第五天開始，每天換五到六次濕的尿布。

- 排便正常：出生前三天是綠色胎便，第三到第四天開始解黃色稀糊大便，一天三次以上。三週大之後，可能轉為多天一次大量便（俗稱「土石流」），或維持一天多便。

- 體重增加：出生後的前幾天，寶寶的體重會自然減輕 7% ～ 10%，之後會開始增加；通常一個月增加約六百到一千公克。不過體重只是參考，必須整體評估排尿、排便、哺乳等情況。

　　如果家長或照顧嬰兒的人員發現以下情形，表示寶寶沒有喝到足夠的奶水，這是很緊急的狀況，應該立刻向醫護人員或泌乳顧問尋求協助。

- 尿量少且顏色很深、味道很重。

- 出生三週內，沒有每天解便或大便量少。

- 出生兩週仍未回到出生時的體重。

哺乳計畫的準備與須知

近三十年來在臺灣，產後一個月純母乳哺育率從一九八九年的5.4%，快速提升到二〇一五年的67.5%，快速提升的原因在於臺灣從二〇〇一年開始推行的母嬰親善醫療院所認證。

對於上一輩的婆婆媽媽來說，在她們的生命經驗中不存在哺乳這個過程，當時爸爸參與育兒的機會也較少，因此大部分長輩並不瞭解哺乳的重要性，不但缺乏泌乳相關知識，也不太瞭解哺乳可能出現的常見狀況是什麼。

近年由於政府強力的宣傳以及許多哺乳家庭的努力實踐，瞭解哺乳好處的民眾越來越多，長輩多少也受到這些風氣或同儕的影響，開始認同哺乳的好處。然而，願意支持哺餵母乳的長輩可能心有餘而力不足，不知如何協助；而不願意進一步瞭解與支持的長輩，則可能持續著瓶餵配方奶的模式。此外，當第一線醫護人員努力協助產後媽媽與寶寶哺乳

時，也不時被認為是在打擾媽媽休息。目標的不一致，常在臨床推動哺乳時造成困擾，甚至引起衝突。

● 提早與家人溝通

孔子說：「凡事豫則立，不豫則廢」建議有心哺餵母乳的媽媽，必須從產前就做好心理與實質的準備，這是哺乳成功的重要任務。

首先要確立自己哺乳的目標與決心，接下來就要告知身邊最重要的隊友——也就是妳親愛的伴侶「我看了很多資料，想餵孩子喝母乳，願意支持我嗎？」如果伴侶是支持的，不妨邀請伴侶跟你共同瞭解生產後可能面臨的狀況，並請對方做妳最重要的生理與心理後盾。

如果伴侶不支持，建議開誠布公，好好溝通彼此對哺乳育兒的想法，也請安排產前哺乳諮詢，透過專業人員的評估，解決彼此的歧見，會比產後處理有效許多。

照顧新生兒是耗時又耗力的事情，家人們也往往出於關心而想幫忙。若全家人齊心照顧，即使日子辛苦，至少心理上是好過的。若全家人各有各的意見，哺乳媽媽可能為了應付種種言論而飽受心理壓力。再加上照顧孩子的體力消耗，若哺乳不順利，很容易就放棄，或是媽媽一人孤軍奮戰堅持哺乳，搞得家中氣氛不佳，這些都不利於正在練習哺乳的新手爸媽和寶寶。

經常看到泌乳能力一級棒的媽媽，因為家人間意見不合，哺乳或擠奶遇上困難只好放棄。雖然媽媽奶水充足卻無法持續，實在令人惋惜。

有鑑於每位家人對哺乳知識的理解程度落差很大，建議媽媽從懷孕

中期就提前瞭解相關知識，並與家人做好溝通，有助於未來順利進行與持續哺乳。

◖ 建立正確觀念並做好準備

懷孕的準媽媽們在考慮產後哺餵母乳時，有一些常見的迷思：

「哺乳是很自然的事啊，孩子生下來就會喝奶了吧？」
「我也不知道會不會有奶水，反正有奶就餵，沒奶就算了吧。」
「哺乳要注意哪些事，生產的時候護理人員都會告訴我吧？先把小孩生下來再說就好了。」
「乳房長在我身上，哺乳與否是我的決定，家人怎麼想不重要。」

這些說法是正確的嗎？若是如此，為何產後深受哺乳困擾的媽媽為數不少呢？

請記得「是娘就有奶，多餵就多奶」，絕大部分的產婦都能製造孩子需要的奶量，就算身體狀況不允許全母乳哺育，通常也能做到部分哺乳。所以請相信自己的能力，下定決心，找對協助，就會有奶水餵飽孩子。

更重要的是，根據泌乳機制，不論嬰兒是否吸吮乳房，產後第二至第三天乳房都會變脹、奶量增加。如果等到脹奶才開始擠奶或餵奶，腫脹通常會持續較久，也較不容易處理，所以希望媽媽不論是否哺乳，都要認識自己乳房狀態的變化，學會正確的手擠奶技巧。這可以讓想哺乳

的媽媽有個理想的開始，而猶豫是否哺乳的媽媽至少保持身體舒服，不要被脹奶所困擾。

在古早的社會中，哺乳育兒的相關知識透過家庭成員間傳承，但是現今家庭型態改變，我們的長輩本身也缺乏哺乳的經驗與知識，各方面訊息都必須靠自己做功課或是專業的泌乳顧問協助。

產後才開始做功課，較顯著的壞處是時間太過緊迫。畢竟剛生產完有太多事情得適應，包括身體傷口的照顧，預期或預期之外的生產過程、眾人的祝福、經濟壓力等，這時才思考哺乳的各種狀況，通常會陷入沒時間也沒辦法專心的困境，或是迷失在茫茫網路資訊之中，不知如何選擇。因此產前就預先做好功課，瞭解可能發生的狀況與處理措施很重要。

⬤ 必須先思考清楚的問題

「哺乳是很自然的事啊，孩子生下來就會喝奶了吧？」這一句雖然沒錯，但是別忘了，我們目前的生產育兒環境離「自然」有多遠。

如果一切回歸自然，生產時沒有藥物介入，生產後母嬰不分離，產後即刻肌膚接觸並開始哺乳，以及嬰兒想喝

就餵，哺乳就會很自然地開始。然而以目前大量醫療介入的生產環境來說，希望順利哺乳必須做好準備、找好協助。

臨床上會遇到各式各樣的生產狀況，像是媽媽或嬰兒有健康狀況，例如妊娠高血壓或早產等，也可能需要更多不同的協助。這些也建議家長事前能做好各種可能的打算，磨合出適合自己的計畫。

我們都知道「Happy wife, happy life.」這個道理；同樣的，有快樂的媽媽，才有快樂的寶寶。因此，在擬定哺乳計畫、愛寶寶的同時，也要記得照顧好自己的需求，並思考以下問題：

• 妳心目中預期的哺乳方式是什麼？
• 打算哺乳到寶寶幾歲呢？
• 期待的育兒方式是什麼樣子呢？
• 伴侶的想法與妳一致嗎？
• 如果遇上困擾，有沒有能夠談談或求助的對象呢？

試著回答以上問題時，將會發現這一切牽涉更多背景資料，像是：

• 寶寶的主要照顧者是誰？
• 大部分時間的主要照顧者是爸爸、媽媽，那麼他需要上班嗎？
• 爸爸、媽媽要上班的話，會在寶寶出生多久後回到工作崗位？上班時孩子由誰照顧？
• 爸爸和媽媽的工作型態為何？
• 職場環境對媽媽哺乳、擠奶的需求是否友善？
• 假如爸爸、媽媽是一個人上班，另一個人在家照顧寶寶，下班後如何分工？照顧寶寶的人是否定期保有一些個人的單獨時間？

- 如果爸爸和媽媽都要上班，寶寶要交給誰照顧？是家人還是是托嬰中心、在宅保母，或到府保母？

- 如果交給家人照顧，照顧者是婆家或娘家？是每天接送寶寶，還是跟寶寶一起住在婆家或娘家？伴侶與家人的相處是否融洽？對寶寶的教養態度是否相近？意見不一時，該如何解決？

- 主要照顧的家人在過去的生命經驗或工作中是否已有育兒經驗並熟悉如何照顧寶寶？

- 萬一主要照顧的家人完全是新手上路，對育兒一事戰戰兢兢，那麼在新手上路的階段能有人協助或支持嗎？

- 如果交由托嬰中心或在宅保母照顧，如何安排接送？托嬰中心或保母臨時有狀況無法照顧寶寶時，可能的替代方案有哪些？

擬定計畫的三大重點

找出適合自己的方式，建立親子依附關係

　　在制定計畫前，爸爸、媽媽千萬別忘了最重要的目標是「建立親子依附關係」。哺乳育兒的生活就這短短幾年，是孩子成長很重要的關鍵時期，對家長來說，也是轉換生命角色的重要階段。哺乳是與孩子建立依附關係的其中一種方法，也是最輕鬆、最天然的方式，因此我會鼓勵大多數家長直接餵哺母乳。當然還是有些家長對哺乳感到負擔，甚至對與孩子建立關係感到猶豫。每位家長的狀況都不同，會有這些反應是自然的，那麼對這些家長來說，哺乳就不一定是首選。雖然我們希望引導媽媽享受哺乳的過程，但人生不只有哺乳或擠奶，採取適合的方

式安定自己，找出與孩子建立關係的其他方法，比哺乳或擠奶更重要。這時我會建議家長眼光放遠，首先想一想，自己希望與孩子留下什麼樣的生命回憶？日後回頭想起這段混亂又辛苦的日子，什麼樣的選擇會讓自己感到驕傲，不留下遺憾？

保持彈性，順勢而為

有些家長心中有自己的想像與目標，卻忘了懷孕、生產、哺乳與育兒的過程充滿不確定性，就算有任何不如預期的情形，也不需要過於失望、難過，甚至喪失自信。哺乳和人生中所有事情都一樣，難以預料的狀況實在太多，只能在當下評估自己的現有資源與身邊能夠動員的協助，找出可行的執行方案，並且時時評估、彈性調整。

在此分享我個人的經驗。當我還是住院醫師時，生完第一胎後，寶寶平日是請婆婆二十四小時照顧，假日才帶回自己家。如果是不需值班的日子，就會回婆婆家吃晚餐，大約待兩、三小時。

一到婆婆家會先哺乳，吃完晚餐離開前再哺乳一次。其他時間就把奶水擠好，帶回家請婆婆瓶餵。因為婆婆很會照顧孩子，我們也都很放心。雖然這樣的模式使得跟孩子接觸的時間不長，卻已經是當初住院醫師時期哺乳育兒的最佳選擇。

只不過，這樣的日子過了幾個月，婆婆的母親生病了，她得經常前往中部探視，很難再像原本一樣在平日全力照顧孩子。所以我和先生商量，在家附近找在宅保母，讓婆婆不用因為照顧孩子犧牲探視外婆的時機。打電話找保母的過程真的很煎熬，感謝老天爺讓我兩週內便找到適合的保母，就這樣一路帶到孩子兩歲多上幼稚園。當時是透過托育媒合

平台，搜尋符合自己需求及理念相同的保母，例如托育人員收托人數、托育時段、哺餵方式等，家長們如有需要也可至衛生福利部社會及家庭署托育媒合平台上找尋適合的保母。

我的歷程算很平順，可是在協助泌乳家庭的過程中，聽過各式各樣的故事。像是原本答應帶小孩的長輩突然生病或反悔；找好的托嬰中心竟然發生虐童的社會新聞；因為新冠疫情，長輩無法回臺灣幫忙等。無論什麼樣的突發狀況，都逼著家長必須臨時改變原定計畫，所以建議家長們多和其他爸爸、媽媽聊天，聽聽各種可能選項的利弊得失。同時也和伴侶仔細討論心中在意的部分，決定各種選項的排序。除了計畫 A，也要準備計畫 B 和計畫 C，事前多準備幾種方案，設想一下資源、人手如何分配，可以減少臨時變動的不安全感。

看到這邊，大家可能會疑惑，為什麼哺乳會跟育兒計畫有關呢？大家必須瞭解，哺乳和育兒兩者是息息相關的。

時常遇到的情境有，媽媽日後要單獨在家照顧孩子，但在月子中心，因為不適應親餵而完全採用擠奶瓶餵。回家之後，發現擠奶與照顧孩子的時間有衝突，所以擠奶量漸漸減少，又或是遇上乳腺阻塞、乳腺炎，即使原本奶量很多也難以維持。此外，也有孩子原本打算交給遠方家人全日照顧，爸爸、媽媽只在假日陪伴孩子，媽媽雖沒有親餵需求但仍持續擠奶，可是家人照顧後發現無法負荷，媽媽又帶回身邊，卻由於之前都以瓶餵的方式哺育，也只好仍舊維持擠奶，無法直接以親餵代替覺得非常疲累。類似的例子其實不勝枚舉，所以若能從產後就與孩子建立哺乳默契，是最自然的，也是最能維持下去的方式。如果要以擠奶為主，就建議媽媽依照自己的生活節奏，調整出最舒服的擠奶時間表。

相信自己和寶寶的潛力無窮

我經常跟家長們分享一句話,「人的潛力無窮,給自己和寶寶一個機會!」

在這麼多年協助泌乳家庭的經驗中,發現家長最需要專業的支持與耐心陪伴。我曾經協助那些只願意單邊哺乳的嬰兒,就喝著一邊乳房到自然離乳;還有一開始不願意含乳,在媽媽的耐心磨合下愛上乳房,哺乳到自然離乳的嬰兒;或是堅持規則擠奶,卻時時受乳腺阻塞所苦,經溝通後願意調整,多愛護自己的身體,找到適合的擠奶方式後也不再阻塞的媽媽;以及從坐月子時兩邊乳腺膿瘍,治癒後持續擠奶,等寶寶在七個月大時總算願意親餵的媽媽,這些不同的故事與狀況都是我從事泌乳顧問時遇到的實際案例,因此我不斷地提醒大家不用太早下定論,只要媽媽、寶寶願意,都有機會調整現狀,往自己的目標前進。

在這過程中,有人支持陪伴是最重要的,泌乳顧問的專業核心不是「逼」家長哺乳,而是陪著家長評估當下狀況,找出可以調整的部分,抱持合理的期待,以及轉介所需的其他專業資源,並持續支持陪伴家長到自己滿意的階段。

除非有特殊情形,像是早產兒、生病的嬰幼兒,或媽媽身體狀況限制等,否則通常我會建議媽媽產後直接哺乳。產後初期練習觀察寶寶釋放的飢餓訊號,依照寶寶需求哺乳,並學會找到最舒服的哺乳姿勢,以及分辨寶寶是否喝到足夠的奶水,讓媽媽的泌乳量與寶寶的需求量達成平衡,母嬰分開時擠出夠吃的奶水,哺乳空檔仍感到脹痛時,擠出少許奶水緩解不適感即可。

等到奶水分泌量與寶寶的喝奶量達到供需平衡且哺乳流程已經很上

手之後，媽媽就可以建立自己的生活節奏。需要上班的媽媽就讓寶寶熟悉照顧者，自己熟悉如何順利擠奶。在家照顧孩子的媽媽則妥善安排生活，不只照顧孩子，也要照顧好自己。

　　我鼓勵家長與寶寶盡量待在一起，就算只是一小段時間也好，穩定的依附關係會是孩子一輩子的身心健康基礎。如果不熟悉怎麼育兒，因而感到擔心害怕的家長（特別是新手爸媽），請找好溫暖的支持陪伴系統。有人陪著度過這段磨合期，會放心順利許多。就算是交給信賴的家人二十四小時照顧，也請盡量抽空陪陪孩子。請記得，孩子最需要的是家長，而不僅是媽媽的奶水。

　　最後想再度提醒爸媽們，執行哺乳育兒計畫的過程中，全家人的支持非常重要。家長能在各種支持下順利培養親子關係，是大家樂見的結果。不管是經營家庭或促進親子關係，都是很需要「團隊合作」，建議家長在孕期就找好自己的團隊，無論是值得信任的親朋好友、溫暖包容的哺乳夥伴、專業支持的醫療團隊與泌乳顧問，都會使進行計畫的磨合期更順利度過。

選擇支持哺乳的生產環境事半功倍

瞭解泌乳生理的運作機制後,相信大家已經能夠理解對進入泌乳階段的媽媽來說,生產狀況與產後初期的措施非常重要。這也是世界衛生組織(WHO)在全球推動母乳哺餵時,首先鼓勵生產院所採取母嬰親善十項措施的原因。經過科學驗證,這十項措施對開始哺乳或提升哺乳率確實發揮成效,才被列入建議措施中。

臺灣的母嬰親善政策已經推行二十年,在政策推行的初期,不論是協助母嬰照護的相關人員或是孕產家庭,都有很多怨言。例如嬰兒到底要留在嬰兒室還是媽媽身邊?以前給新生兒喝配方奶好像是理所當然的,為什麼現在一定要「逼」媽媽餵奶?

產後即刻哺乳、親子同室、依需哺乳或不隨意補充配方奶,這些措施對母嬰建立良好的哺乳模式很重要,但連我當年身為兒科醫師,都不完全理解其中的影響。所以政策雖然立意良善,相關人員也很認真執

行，家長卻覺得是被逼著接受，即使身處支持哺乳的環境下，也不一定願意哺乳，或是雖然跟著醫院的政策哺乳，卻不知自己為何而戰，很快就不想繼續餵奶了。

剛開始協助哺乳家庭時，我不認為這些母嬰親善措施對於提高哺乳率有什麼幫助或重要性，媽媽本身的哺乳意願才是首先需要考量的。然而在協助家長的過程中發現，**這些措施追求的目標，其實是在目前醫療化的生產環境下，盡量營造出人性化的哺乳模式**，希望哺乳家庭若在母嬰親善院所生產，產後的泌乳支持措施能夠充分支持哺乳家長與寶寶。

母嬰親善十措施

一、訂頒醫院「哺育母乳」政策，並告之相關遵守政策之規定。

二、訓練所有的醫事人員熟練的施行上述政策。

三、讓孕婦都知道母乳的好處，及如何哺乳母乳。

四、幫助母親在產後半小時內開始哺餵母乳。

五、教導母親哺乳及在必須和嬰兒分開的情況下維持奶水的分泌。

六、除非有醫療上需要，勿給新生兒母乳之外的食物或飲料。

七、實施 24 小時親子同室。

八、鼓勵依嬰兒之需求餵奶。

九、哺餵母乳的嬰兒，不給人工奶嘴或安撫奶嘴。

十、鼓勵母乳支持團體成立，在母親出院時轉診給母乳支持團體。

● 順利踏上哺乳之路

剛開始做哺乳諮詢時，有一個家庭讓我印象深刻。那是一位第一胎的媽媽，產前她做了很多預備哺乳的功課，包括產後要親子同室，不要和孩子分開；她希望可以盡量哺乳，真的不夠再補充配方奶；她也希望補充配方時不要使用奶瓶，盡量用杯餵或是針筒餵食。她做足了功課，知道這些做法能讓她和孩子哺乳更順利。

產前，她與診所的醫師說明清楚自己的需求和想法，醫師也都一口答應，但生產後一切都走樣了。診所人員表示「我們診所並沒有親子同室的措施，是醫師搞混了」所以她只能在診所規定的時間前往嬰兒室餵奶。另外，寶寶體重下降太多而且黃疸開始增加，醫師建議要補充配方奶，媽媽只能同意。當媽媽提出希望護理人員用杯餵配方奶時，也被拒絕了，告知她診所一律使用奶瓶餵食，請媽媽配合。過程中她還是很認真地擠奶，奶量也漸漸增加到可以瓶餵給寶寶喝。不過等到寶寶黃疸照光回家後的一週左右，她嘗試直接哺乳，寶寶卻非常抗拒乳房，不管試了幾次都不願意含乳。

當年泌乳諮詢尚未普遍，爸爸在網路上搜尋資訊找到我。當爸爸、媽媽帶著兩週大的寶寶來諮詢時，我明顯看到一個想吃奶的嬰兒，靠近母親泌乳狀況良好的乳房，卻怎麼都不願意含上乳房直接吸吮。我們試著變換各種哺乳姿勢，先瓶餵再親餵，都找不到孩子能接受乳房的方法。諮詢過程中嬰兒在哭，媽媽也哭了，最後連爸爸都在掉淚。面對一家三口的眼淚，我也感到好挫折。

第一次諮詢時，我請媽媽持續擠奶，也要持續練習親餵，不要看

時間，寶寶看起來想吃就餵，並請他們兩天後回診，確認一下練習的狀況。沒想到第二天就接到電話，他們開心的說：「回家後『搏鬥』了一個晚上，孩子仍然抗拒，最後熬到凌晨餵了一瓶母奶後，三個人都沉沉睡去。直到早上起床再開始親餵，孩子就欣然接受了！」

第二次的諮詢，我協助他們確認了寶寶含乳狀況良好，哺乳後乳房明顯變軟，奶水轉移效率也很好，同時練習各種能讓媽媽和寶寶都舒服的哺乳姿勢。接下來，我只有在每次打預防針時，會看到成長良好的寶寶和開心的媽媽。他們和我保持聯絡，並一路餵到孩子自然離乳。

這個真實案例告訴我們，生產機構的產後措施對母嬰的哺乳肯定有影響。要是換一個機構，他們的故事有沒有可能不一樣？的確有可能。

產後親子同室，讓媽媽能盡早開始觀察寶寶，依照寶寶的需求哺乳。並且在護理人員及泌乳顧問的協助下，採用舒服的姿勢餵奶並確認寶寶含乳狀況，以及是否喝到足夠的奶水。萬一寶寶沒有喝到足量的奶水，先鼓勵頻繁地哺乳。需要補充時，首選是母親擠出的奶水，接著才是配方奶。補充時不會使用奶瓶奶嘴，會使用杯餵或湯匙等其他補充方式。總之，選擇母嬰親善院所生產，可避免嬰兒抗拒乳房的挫折過程，就算需要補充少許奶水，通常也只是一段過渡期，很快就能供需平衡，順利地享受哺乳。

下面讓我們逐項說明母嬰親善措施的十項要點，希望藉由瞭解這十項支持哺乳措施的訂定原理與執行方式，也理解一些臨床上常見的迷思與可能的限制，讓大家做好心理準備，以便在產後能與醫護人員配合良好並溝通順暢，讓開始哺乳的初期更順利。

不過我也要提醒大家，這些措施主要是針對健康足月的新生兒與母親所規畫，如果是早產兒或母嬰健康有狀況，就需針對個別情形評估與調整。在那些特殊情況下，也許無法完全執行這十項措施，但可以針對母嬰的需求，提供合適的協助與持續追蹤，達成家長的哺乳目標。

● 認識母嬰親善十措施

措施一，制定哺乳政策

　　此項措施是院所要制定本院哺乳政策，並確保全院工作人員都要理解院所支持母乳哺育的政策，並能說出哺乳的好處。剛開始推動認證時，許多人對這點頗為不滿，認為只要輔助母嬰事務的相關工作人員瞭解就好，規定全院同仁都要瞭解實在太嚴格。但實際可能發生的情況是，醫療工作人員很努力地協助產後母嬰哺乳，當媽媽與寶寶正在練習哺乳，也許不太順利感到挫折時，院內的其他工作人員（別科的醫護同仁、清潔、傳送或看護等）開始推銷配方奶，或是告訴媽媽不需要這麼認真、這麼累。這一些小小的舉動都可能打擊到家長的信心，讓之前哺乳的成果歸零，影響其實是很大的。

　　當然有人說，即使不在醫院，身處其他環境時，這些言論也不會減少。但推行這項措施至少能在媽媽產後準備開始哺乳時，營造出使媽媽安心有自信的環境氛圍，讓哺乳有更順利的開端。另一方面也讓媽媽感到這裡是個避風港，想哺乳的目標與心願都能在這裡獲得支持。

　　這項措施的內容也包括遵守「母乳代用品銷售守則」。例如不與配方奶廠商合作媽媽、爸爸教室，或其他行銷活動，不發放試用品或相關

文宣。所有需要使用的母乳代用品都必須付費購買，不能由廠商免費贈送。過去嬰兒配方的銷售手段很直接，像是在生產醫療院所大量發放試用品，從嬰兒出生後就提供免費奶粉，因此家長與嬰兒從一開始就只熟悉配方奶的餵食模式，根本不理解哺餵母乳是怎麼一回事，接下來只好持續購買配方奶粉以做為嬰兒的主要飲食來源。

基本上，廠商的操作手法在全球都很類似的，對於已開發或開發中國家的家長來說可能還負擔得起，根據 WHO 的調查顯示，在一些經濟未開發的國家，為了購買嬰兒配方奶，可能就要花費家中四分之一的支出。以目前臺灣的狀況來說，純喝配方奶的嬰兒，依奶量與品牌的差異，一個月大約要花費六千至一萬元新臺幣在配方奶上，對新生兒家庭是沉重的負擔。這些支出原本可能是非必要的，若孩子對配方奶不適應，更可能造成額外的醫療費用。

近年來，廠商更是利用各種社群媒體與廣告通路營造出「配方近似於母乳」、「喝配方奶就不需要半夜起來安撫寶寶」等迷思，讓根本不需要配方奶的家長也覺得自己需要使用，這些全面且細緻的商業手法也受到醫學期刊的關注，提醒大家要留意並避免被過度的商業行銷干擾。（參考資訊：《刺胳針》（The Lancet）醫學期刊／ Breastfeeding 2023 ／ Published: February 7, 2023）

措施二，工作人員的教育訓練

這項措施是要求所有醫療工作人員都要熟練地實施上述政策。而這也是臨床上最困難、引發最多反對意見的措施。不容易實施的原因，包括過去的醫學教育中，有關協助泌乳的知識與技巧幾乎為零，所有進入

母嬰領域的人員必須從頭學習。眾說紛紜的狀況也層出不窮，讓人無所適從。

此外，不但需要從零開始學習還必須迅速上手，以符合臨床母嬰的需求，時間壓力很大。更重要的是，除了協助哺乳，臨床的工作還有許多事項，攸關生命的出血或感染病患更需要照護，哺乳母嬰大多是健康的，優先順序自然往後排。

在臺灣醫療人力吃緊的情況下，基本哺乳照護大都沒問題，但遇上泌乳問題時，就不一定有專職人力進行個別的評估與協助。這些現實情形若能在產前先有心理準備，在遇上泌乳問題時，知道能找泌乳顧問協助，會讓哺乳之路順利許多。

根據 WHO 的愛嬰醫院政策（BFHI），工作人員要接受二十一項教育訓練，其中包括臨床練習還有理解哺乳的好處、培養諮詢技巧、如何協助媽媽哺乳、瞭解生產措施對哺乳的影響，以及常見狀況的處理等。這些還僅限於健康足月新生兒的範圍，若談到早產兒或生病嬰兒的哺乳，還有更多內容需要學習。針對每個項目，都有詳細課程內容與能力評估，讓工作人員除了理解知識，也能具備臨床技巧以協助母嬰。目前臺灣也有自己的母嬰親善醫療院所認證，但標準與 BFHI 有程度上的差異。

例如臺灣工作人員的教育訓練時數是每兩年八小時（此為二〇二〇年的認證標準），而 BFHI 每年需要二十小時的訓練與臨床能力評估。若僅有臺灣的教育訓練時數，很難讓所有第一線工作人員建立足夠的泌乳知識與技能。目前絕大多數的母嬰親善醫療院所內均配置有「國民健康署母乳哺育種子講師」，其由公費培訓，擔任機構內人員知識技巧訓練的重要責任。這兩年也持續推動能力驗證工具包，除了知識技巧的課程

外，更確保直接照護者執行愛嬰醫院措施的能力，讓第一線人員在協助母嬰時，能善加利用並諮詢相關泌乳技巧，讓母嬰獲得最適切的支持。

我期待未來機構都能配置專職協助泌乳的人員，所有醫護人員均具備基本泌乳觀念，以協助一般狀況的母嬰；而泌乳遇上困難的母嬰就請泌乳顧問評估追蹤，分工合作讓泌乳照護的品質更為提升，也較能完整地支持泌乳家庭。

家長在選擇生產醫療院所時，也可以先跟該機構的泌乳顧問進行產前哺乳課程或諮詢，或選擇自己專屬的泌乳顧問，在泌乳的過程中持續支持陪伴，讓自己的泌乳之路更順利。

措施三，提供孕婦哺乳相關衛教與實際做法

這項措施是為了讓孕婦知道母乳的好處，以及如何哺餵母乳，這是我希望所有迎接新生兒的家庭都能落實的一項。在臨床經驗上，大部分家長都知道母乳的好處，但對於如何哺餵母乳沒有太明確的概念，而醫療院所的愛嬰措施就是希望在目前醫療化的生產環境下，盡量營造出人性化的哺乳模式。

例如家長知道母乳能提供寶寶較好的免疫力，富含適合寶寶的營養，同時也較為經濟，並且是令人安心的寶寶飲食來源等，卻不清楚產後乳房中已經有初乳，並非等到脹奶才有奶水；盡早開始哺乳或擠奶，保持奶水暢通，就能避免產後兩、三天的生理腫脹期；頻繁哺乳或移出奶水有助於增加奶量，而不是拚命地喝湯湯水水；親子同室是要讓家長觀察寶寶想喝奶的訊號，依照寶寶的需求哺乳，而不是定時餵奶等概念。

當家長不瞭解訂立這些措施的背後原因，而媽媽處於又累又痛的情

況下，就會覺得這些措施是在找麻煩，即使再好的措施都是枉然，醫療人員也會感到挫折。所以真心建議所有懷孕家庭都能提早準備哺乳相關的知識，瞭解產後可能會面對到的情境，以及醫療院所的措施與支持，並建立共識，才可讓媽媽在產後更容易適應新生活。

措施四，協助產後盡早開始哺乳

這措施是幫助媽媽在產後半小時內開始哺餵母乳，或者應該強調的是產後即刻肌膚接觸的重要性。從新生兒的本能「乳爬」（breast crawl），就會發現，只要讓健康足月的新生兒倚靠在媽媽身上，並給予寶寶足夠的時間，他們幾乎都能自行找到媽媽的乳房，完成人生的第一次含乳，並在吸吮滿足後沉沉睡去。在這個肌膚接觸的過程中，媽媽和寶寶都開始從生產的疲憊中慢慢恢復，是一段自然療癒的時間，也是所有健康的媽媽與嬰兒值得擁有的珍貴經驗。

研究顯示，產後即刻開始哺乳成功的嬰兒，之後哺乳的時間與比例都較高。最重要的是，這是令人難忘的生命經驗。我在諮詢時，經常詢問家長產後是否與寶寶進行肌膚接觸。如果是觀察到寶寶乳爬經驗的家長，通常都會很感動地訴說這段過程，「她就自己找到乳頭含上了耶！」「他一開始都在睡覺，後來在我身上扭來扭去，我把他放在乳頭旁邊就含上了。」「我一直希望他趕快吸上乳房，可是他一直哭，只好不逼他抱抱他，後來他也就自己找乳房，自己含上！」

臨床上比較難達成的，是產後肌膚接觸的時間。依照 WHO 的 BFHI 建議，產後肌膚接觸的時間至少要達到一小時，並在完成含乳後再進行其他的醫療常規。但臺灣的規定是陰道產肌膚接觸至少三十分

鐘，剖腹產至少二十分鐘，實際操作情況當然也會有個別差異。一般來說，如果是居家生產或是順勢生產的產家，通常可以進行較長時間的肌膚接觸，也能等到寶寶自行含上乳房，後續哺乳遇到困難的機會較低。而一般醫療院所實施肌膚接觸的狀況差異很大，有時甚至因為生產時，母親或嬰兒有醫療狀況需要處理，無法即刻進行肌膚接觸。我會鼓勵家長不要糾結於產後是否「即刻」肌膚接觸，因為嬰兒的本能很強，就算是產後一天或一週再開始肌膚接觸，也都能夠發現寶寶在媽媽身上尋找乳房的動作。

在做哺乳諮詢時也經常發現，原本不願意吸吮乳房的嬰兒，經過諮詢並進行肌膚接觸後，而自行含上乳房。這種情況從兩週大到兩個月大的寶寶都發生過，大家也都會驚訝於嬰兒的本能。所以如果你的生產機構可以讓你們有產後肌膚接觸的機會，請好好把握。如果產後狀況不允許，爸爸、媽媽也可以在自己和寶寶狀況比較穩定時，多做肌膚接觸，體驗一下嬰兒乳爬的神奇本能。

措施五，指導媽媽如何持續分泌奶水

第五項措施是教導媽媽哺乳，以及如何在必須和嬰兒分開的情況下維持奶水的分泌，這應該是臨床上落實得最徹底的措施，幾乎所有第一線人員都會指導媽媽如何抱嬰、如何讓嬰兒含上乳房、正確的含乳姿勢，以及如何手擠奶等。這裡考驗的是工作人員的諮詢技巧，如何在有限的時間內瞭解家長在意的重點，評估母嬰的狀況並給予適合的指導。例如哺乳媽媽感到乳頭疼痛時，到底是暫時性的乳頭疼痛，只要適應後就會改善？還是哺乳姿勢不良，需要修正調整？還是寶寶口腔有狀況，

需要進一步的評估？還是乳頭已經受傷或感染，需要進一步藥物治療？

以暫時性的乳頭疼痛為例，雖然無需治療，但如何度過這段疼痛時期，每位媽媽在意的重點也可能不同，有些媽媽不太怕痛，但不喜歡擠奶，寧可忍痛度過親餵的適應期；有些媽媽對痛很敏感，需要很長時間才能適應，只能暫時減少哺乳次數，改為手擠奶減少疼痛，才是媽媽能接受的過渡方式。如果對不怕痛的媽媽提議停止哺乳，會被認為是阻止她哺乳；如果跟那些對疼痛很敏感的媽媽提議忍痛餵奶就撐過去了，則會被認為是強迫她哺乳，不論哪種狀況，只要沒有評估到她們各自的狀況，給予適當的建議，都會讓媽媽感到沒獲得支持，而覺得有壓力或挫折，相對的，也會讓工作人員感到失落，認為自己提供專業建議卻被忽略。看到這裡，你是否發現產後媽媽好辛苦，而第一線工作人員也好難為！

所以教育訓練時很強調諮詢技巧，臨床上，治療方法並非只有一種，每對媽媽與寶寶的狀況也各有不同，更重要的是，產後媽媽有心情起伏是很正常的，就算平時堅強開朗，產後也會因為荷爾蒙而變得敏感細膩，這時聽到鼓勵會非常開心，受到批評也會非常受傷。

媽媽產後的「玻璃心」是無可避免的，所以工作人員如何利用諮詢與溝通技巧分析現狀，並與媽媽討論出可能的解決方案，願意接受醫療人員提供的專業知識與技術，是一件不容易的事！

措施六，不提供母乳之外的食物給新生兒

關於第六項措施是，除非有醫療上需要，否則切勿將母乳之外的食物或飲料提供給新生兒。首先我們一起來瞭解，產後隨意添加母乳代用品可能會有哪些壞處。

例如新生兒沒有或少喝了珍貴的初乳、嬰兒腸內的益生菌叢受到影響、嬰兒被配方奶餵飽了不想吸吮乳房、媽媽脹奶只能靠擠奶緩解等，這些臨床上經常見到的狀況，其實都是過早提供母乳代用品所造成，所以這項措施對哺乳階段的開始非常重要。

一般情況下，健康足月的新生兒在出生頭幾天只需要喝到初乳就很充分了，嬰兒會分解自己身上的脂肪與肝醣，維持自身的血糖恆定，並在出生後慢慢地排出身上多餘的水分，體重會自然減輕大約 7% 至 10%。這些從胎兒就儲存在體內的能量，足以讓嬰兒適應頭幾天的轉換期。

當嬰兒出生後頻繁吸吮乳房，就會喝到量少但保護力十足的初乳，也促進媽媽泌乳。接下來兩、三天，媽媽就進入大量泌乳的時期，嬰兒能從乳房喝到需要的奶水，維持生長與補充水分。這個轉換期需要仔細觀察寶寶，只要寶寶想吃了就餵。也需要有技巧的支持，讓媽媽與寶寶練習哺乳的過程更順利，更重要的是鼓勵家長，解除家長心中的擔憂與疑惑，相信自己可以做到。當泌乳或哺乳狀況不順利時，需要盡早介入或處理，與家長一起找出適合的解決方案。

例如遇上寶寶解出結晶尿或是體重下降過多，表示嬰兒沒有喝進足夠的奶水，就要做整體的泌乳評估，找出可能的問題並解決，同時也要給予嬰兒補充餵食。在這種時候，補充餵食的首選是媽媽擠出的奶水，所以在媽媽身心狀況許可下，會建議媽媽在哺乳之餘再擠出奶水給嬰兒吃。這時會利用小容器承接奶水餵食，例如湯匙、針筒等。若母親身心狀況不適合擠奶，或是擠出的奶量尚不足夠，可以在經過醫療人員評估後，補充少量配方奶，為了維持頻繁的哺乳，通常第一週的補充量大約

一次十毫升就夠了，等媽媽的泌乳量增加，嬰兒的吸吮與生長狀況好轉，通常就可以停止補充配方奶。暫時補充並不一定代表需要持續使用配方奶，這點也需要和家長溝通說明。因此，這項措施就是確保在這個轉換期，能不受到配方奶的干擾而順利進行。

話說回來，何謂「醫療上的需要」呢？這通常是指嬰兒在純粹只喝母乳的情況下，出現體重減輕過多、尿尿便便的排泄量不足、無法維持血糖穩定等現象。生產狀況不順利、有醫療狀況的嬰兒與媽媽、出生體重過輕或過重，或媽媽有妊娠糖尿病的新生兒等，也是要特別留意的高風險族群。

有些醫療院所會讓家長簽立使用配方奶的切結書或同意書，告知嬰兒需要補充配方奶與如何補充。如果妥善解釋，家長通常會欣然接受，但若流於形式，只跟家長說「簽了才能讓寶寶喝配方奶」，或是「若不簽，媽媽就要一直餵母奶」等，不但容易造成誤會，更會對想哺乳的家長造成挫折和打擊，那就太可惜了。

措施七，親子同室

這項措施是實施二十四小時親子同室，是臨床上最常被家長批評詬病，也是工作人員臨床上執行覺得最困難的一點。不理解措施訂定的意義與好處時，總讓人覺得在「虐待」產後家長。但是以我個人的經驗，二十四小時親子同室比較像是個人選擇。然而在缺乏配套措施的狀況下，即使親子同室，也不見得對哺乳有多大的助益。反之，希望哺乳的家長如果選擇二十四小時親子同室，省下在嬰兒室與病房之間移動的時間與力氣會輕鬆很多。

幾年前，我曾經有機會前往中國參訪當地的產後病房，發現全部的嬰兒都在母親身邊，是非常徹底的二十四小時親子同室。只有生病的嬰兒或早產兒會與媽媽分開，在新生兒病房接受觀察或治療。但是我發現幾乎每位媽媽床邊都是一罐配方奶，寶寶想喝奶或是時間到了，就泡配方奶給寶寶喝。媽媽不知道可以直接讓寶寶吸吮乳房，也不知道原來自己有奶水可以餵寶寶。當然隨著哺乳政策與觀念的推廣，有越來越多母親選擇哺乳，而親子同室就會讓哺乳的開始更容易。

目前臺灣的產後病房非常多元，有非常固守親子分離的機構，嬰兒只能待在嬰兒室，媽媽想哺乳就到嬰兒室哺乳。有些機構則幾乎完全親子同室，健康的寶寶每天會有短暫的時間離開媽媽進行一些處置或檢查；只有生病的嬰兒會離開媽媽，在新生兒病房裡接受照護。也有採取中間路線的，就是安排部分時間讓寶寶待在媽媽病房，部分時間留在嬰兒室照護。這些不同的做法牽涉到人力如何分配、動線如何安排、安全與感控政策如何配合等。分離或同室的媽媽與嬰兒，照護措施可能不同，會大大考驗機構的照護人力分配與彈性調整。

基本上，我建議產後身心狀況良好的媽媽盡量選擇親子同室。其實產後的荷爾蒙變化會讓媽媽非常想跟寶寶待在一起，不必要的親子分離經常造成媽媽的情緒壓力卻不自知，結果反應在嚴重的乳房腫脹或乳腺阻塞等症狀。從一開始就花時間認識寶寶，觀察寶寶想吃的訊號，練習媽媽與寶寶都舒服的哺乳姿勢，讓寶寶在乳房上舒服地喝奶，媽媽身心也放鬆，才會讓奶水順暢，解除腫脹的症狀。

如果生產過程不順利，媽媽身體或心理狀況暫時不適合，就不要勉強自己二十四小時親子同室。在身體還算舒服的時間抱一下寶寶，進行

肌膚接觸但不強迫寶寶吸吮乳房喝奶，也能促進催產素釋放，對於幫助產後媽媽放鬆與恢復會有效果。等到媽媽的身體心理漸漸恢復，自然就能與寶寶相處更長的時間。

總之，人類新生兒需要成人密切的照顧，除了讓寶寶吃夠、喝夠，建立依附關係也很重要。從一開始就全家人待在一起，互相認識與磨合，會是迎接新生兒的最佳方式，也更利於進入哺乳階段。

措施八，依寶寶需求餵奶

這措施是鼓勵媽媽依照嬰兒的需求餵奶。聽起來簡單，做起來卻需要克服一些固有的想法或觀念，對於比較堅持的家長或工作人員是個挑戰。

哺乳是由嬰兒主導，按照奶水分泌的供需原理，在嬰兒想喝奶時就餵奶，媽媽的泌乳量就會依照嬰兒的喝奶量有所調整，達到嬰兒所需的分量，也就是供需平衡，泌乳量充足，也不會過度脹奶不適。

產後頭一週通常是最需要磨合的時間，每天的狀況都不一樣。從一開始寶寶正在練習含乳，喝到乳房中的初乳，到兩、三天後進入泌乳第二期，奶水大量增加，寶寶開始喝到大量奶水。之後，就漸漸轉為供需平衡的泌乳第三期。如果這時依照寶寶的需求哺乳，媽媽的奶量便會隨著寶寶的需求量增加而增加。如果這時依照規定的時間餵奶，例如每四小時才餵奶一次，媽媽的泌乳量就可能會低於寶寶需求，使奶水供不應求，造成媽媽奶水不足的困擾。又或是媽媽的泌乳量大，寶寶卻只能定時喝奶，奶水供過於求，媽媽因而經常感到乳房脹痛不適，還得自己擠奶等供需失衡的狀況。

由於必須觀察嬰兒的需求餵奶，與寶寶盡量待在一起並觀察寶寶想吃的訊號就變得很重要，這與前一項親子同室的措施相輔相成。依照嬰兒需求哺乳時，由於無法確定孩子的喝奶量，若是還不熟悉如何觀察新生兒的家長，會容易感到焦慮或擔憂。再次提醒，記得要觀察寶寶喝奶後的表情與動作，以及整天的排泄狀況與體重變化，若覺得不對勁，就盡快找人評估協助，會讓家長更快熟悉哺乳的模式。

措施九，不提供奶嘴

　　這項措施是不提供人工奶嘴或安撫奶嘴給哺餵母乳的嬰兒。這個措施是為了減少奶瓶、奶嘴對嬰兒含乳的干擾。大部分工作人員與家長都能理解這點，也是配合度較高的措施。

　　臨床上較常見的誤解是「不給奶瓶等於不需要補充餵食」，其實若經過評估與協助，嬰兒仍有進食不足，導致脫水或血糖不穩定的情形，還是需要補充擠出的母乳或是配方奶。要是擔心影響日後的哺乳，在嬰兒哺乳尚未熟練前，頻繁哺乳加上使用杯餵、湯匙或滴管補充餵食，是較能顧全哺乳與足量進食的良好方式。假使需要長期大量使用配方奶，也可以在泌乳顧問協助下使用哺乳輔助器，並持續追蹤哺乳與生長情形。

　　有些家長會擔心恢復上班後需要以奶瓶餵食，怕孩子不願意瓶餵，而想盡早練習以奶瓶餵食。通常我會建議未來需要瓶餵的孩子，可以在產後四到六週開始練習，並且由照顧者瓶餵。

　　臨床上也聽過家長因為擔心寶寶瓶餵後不願意親餵，所以要求產後護理之家的同仁只能用杯餵寶寶，絕對不能瓶餵。但是每天親餵寶寶的次數並不多，所以住到滿月回家時，寶寶只會用杯餵喝奶，仍然不熟悉

親餵，這便有點誤會這個措施的本意了。

總之，建議想親餵的家長多多練習哺乳，尚未上手前，假使有需要，可以先利用瓶餵之外的方法補充餵食。等到熟練哺乳後，有瓶餵需求的寶寶再開始熟悉瓶餵，是比較容易操作的方式。

措施十，院所內成立哺乳支持團體

這項措施為鼓勵院所內成立母乳哺餵支持團體，在媽媽出院時，轉診給母乳支持團體。這個措施真的很重要，由於在產後機構只會待短短的三到五天，家長經常仍在摸索期間就回家了。回家之後，每個家庭會面對的支持度差異極大。有些媽媽住在設有泌乳顧問的產後護理之家，可以得到妥善的照顧並達成哺乳的目標。有些媽媽找到很支持哺乳的月嫂或保母，也能順利享受哺乳育兒生活。有些媽媽則在充滿壓力的環境下休養，經常被下指導棋，無法依照自己的意願哺乳育兒。更有些媽媽的哺乳意願很高，卻在遇上困難時找不到可以提供協助的人而感到挫折。

在產後這段適應磨合期，家長需要全方位的支持，不論是醫療人員、泌乳顧問、月嫂、保母等母嬰相關工作人員，或是親朋好友、街坊鄰居、社會言論、網路媒體等，讓想哺乳的家長找到同溫層，互相分享經驗與心情，對家長非常有幫助。

母乳支持團體的帶領人要經過訓練，聚會場地選擇對家長與嬰兒都友善的環境為宜。通常每次團體聚會會設定一個主題，參加的家長可以針對主題討論並發表意見。也會有自由討論時間，讓參與的家長能交流哺乳育兒的感想與心得，並藉由交流的過程獲得支持。

我很鼓勵參與聚會的家長互相認識，彼此交朋友。現在網路交流很

發達，通常家長也會自己組成群組，平時在線上或線下保持互動。大部分的母乳支持團體的聚會時間一次在兩小時左右，一般都是定期舉辦，有些是每週或隔週舉辦，大多是一到兩個月舉辦一次。

　　曾經聽過一位媽媽分享自己的經驗。她參加的是一個很小型的團體，大約有五、六位媽媽參加。剛開始的兩、三次，幾乎每個人都從頭哭到尾，眼淚不自主地流個不停，但每次聚會，所有人都還是準時參加，直到第四次，大家好像總算恢復了能量，帶領人才開始帶領媽媽們討論一些大家關心的話題。

　　帶領人的角色是引導團體進行交流，讓大家暢所欲言，圓滑地處理一些可能有爭議的討論，確保參與的家長都能安全放心地交流。像這位帶領人能讓媽媽適當宣洩情緒又提供支持，使媽媽都願意繼續參加。維持團體的動力真的很不容易，在團體中我們時常觀察到互相支持的力量，也見證新手家長逐漸成熟有自信的過程，連帶領人本身都能學到更多。

　　母乳支持團體具有很多重的意義。對孕婦或新手家長來說，可能是瞭解哺乳育兒細節的重要管道。對正在哺乳的家長們來說，是可以找到同溫層、放鬆心情交流的好去處。對曾經哺乳的家長們來說，則像是回顧自己的生命回憶，並把能量傳遞下去的場合。對帶領人來說，是凝聚哺乳家庭、傳達正確理念，在社區中促進、保護與支持哺乳的重要活動。所以我很鼓勵家長們參加支持團體，也鼓勵專業人員受訓成為帶領人，讓各處都有母乳支持團體能支持哺乳家庭，鼓舞更多家庭享受哺乳育兒生活。

讓泌乳顧問成為好幫手

• • •

如果媽媽產前已經做好準備，產後也獲得良好的哺乳支持，卻還一直感到挫折或困擾，例如乳頭持續疼痛、寶寶一直無法順利含乳等，建議盡快尋求泌乳顧問的協助，找出可能的原因與改善方法，以便讓之後的哺乳之路能順利進行。

● 每位媽媽都需要個別的哺乳建議

我舉例一位首胎媽媽的經驗給大家參考。這對新手爸媽在產前做足功課並選擇溫柔生產，在婦產科醫師與陪產員的陪伴下，歷經三天後順利從陰道分娩生產。產後媽媽都與寶寶在一起，也很努力地嘗試哺乳，但寶寶就是不願意吸吮乳房，含乳成功率大約只有十分之一。一開始只覺得也許是因為沒什麼奶水，所以寶寶不想吸吮；等到產後第三天，媽媽開始脹奶、滴奶，寶寶還是不願意含乳。眼看著寶寶的體重持續下

降，實在不是辦法，所以他們在寶寶一週大的時候來找我。觀察過孩子的口腔後，才發現寶寶無法含乳的真正原因在於他的舌繫帶過緊。

由於寶寶的舌繫帶太緊，舌頭無法順利伸出口腔，也無法良好的包覆乳暈，難怪他一直無法含上乳房，加上當時的排泄量不足，代表並未喝到足夠的奶水。所以我建議家長在處理舌繫帶的問題前，需要頻繁地補地充餵食，先讓寶寶的體重回升。之後，經過手術，寶寶順利地含上乳房，媽媽也初次體驗到不痛的含乳體驗，當場感動到落淚。

寶寶術後仍需持續練習含乳，而媽媽也不能只靠寶寶的吸吮，暫時仍需持續擠奶以維持泌乳量，所以我給家長的建議包括：

• 媽媽持續擠奶維持泌乳量與保持奶水暢通。
• 利用針筒或杯餵補充餵食，但以擠出的母乳為優先，不夠再添加配方奶，以維持寶寶排泄量正常。
• 媽媽持續與寶寶練習哺乳，並照顧寶寶術後傷口等。

三天後，媽媽和寶寶回診，寶寶的體重順利回升，讓大家暫時鬆了一口氣。但是事情並不如想像中美好，寶寶出現了新的狀況，「他偏好針筒餵食，不願意含乳！」媽媽的奶量已經進步很多，奶水也很順利地流出，但寶寶卻對著乳房哭泣不已，直到爸爸拿出針筒餵食，寶寶才停止哭泣開始喝奶。

我建議媽媽利用哺乳輔助器補充配方奶，讓寶寶更習慣哺乳，減少對其他餵食方法的偏好與依賴。試用哺乳輔助器後，媽媽與寶寶很適應這個新的餵食方式，便決定盡量親餵加上輔助器，減少針筒餵食。

寶寶在媽媽頻繁哺乳的過程中，不但傷口復原良好，舌頭也越來越

靈活。之後媽媽幾乎都用親餵加上輔助器補充配方奶，從起初一天要補充三百毫升並漸漸減量。在這段時間，他們大約每一、兩週回診一次追蹤體重，媽媽發現在配方奶持續減少的過程裡，自己脹奶的速度明顯變快，寶寶的排泄量仍然正常，身高體重也穩定增長，我和媽媽都越來越有信心，勇敢地慢慢減少配方奶。

印象很深刻的是，在寶寶五十天大的那次回診，媽媽已經一週沒餵食配方奶給他，但是體重仍然穩定增加，我跟媽媽說，「你們已經供需平衡，不需要配方奶了！」當下我們在診間又叫又跳，真的好開心。

在這段過程中，媽媽和寶寶歷經許多辛苦，陪著他們度過這些日子真的很感動，也再次讓我體認到人的潛能無窮，只要媽媽與寶寶願意嘗試，加上泌乳顧問提供專業的評估指導與持續的增能陪伴，他們真的可以找到適合自己的方法。

授課時，我經常舉以上的例子讓大家思考，如果媽媽產前沒有參加過相關課程，不知道盡早尋求泌乳顧問協助的可能性，結果會是什麼？

若寶寶無法含上乳房，媽媽便擠出奶水以奶瓶餵食，就不一定能夠發現寶寶舌繫帶過緊，可能拖到寶寶開始學說話時才發現。若又剛好媽媽是不容易擠奶的體質，在沒有親餵的刺激下，奶量逐漸下降，造成寶寶漸漸地離乳，也讓媽媽誤以為自己天生奶少，殊不知透過親餵也能分泌出孩子需要的奶量。

這位媽媽在四年後生了第二胎，二寶是個小吃貨，超級會吸吮。媽媽產後哺乳很順利，沒有奶量不足的困擾，也沒有脹奶的不適，很快就達到供需平衡。真是不枉媽媽第一胎的辛苦與努力，圓滾滾的二寶讓家人都沒話說，再也沒有人敢質疑媽媽的奶量了。

臨床上最常見聽媽媽的抱怨是，「每個工作人員說得都不一樣，到底該聽誰的呢？」「怎麼有人叫我冷敷，有人教我熱敷，到底該怎麼做呢？」如果乳房已經很脹痛，面對各式各樣不同的建議，到底該聽誰的建議的確很困擾。提供「個人化」的哺乳建議並不容易，產後乳房的變化很快，每位媽媽與寶寶的狀況也不完全一樣，很難有一個標準作業流程解決所有狀況。

　　泌乳顧問的專業在於針對每位媽媽與寶寶的個別困擾與需求，提供適時適所的解決方法，並且持續支持媽媽與寶寶達成目標。例如同樣面對乳腺阻塞，有些媽媽適合讓寶寶頻繁吸吮以解決脹痛不適；有些媽媽適合頻繁擠奶來解決；有些媽媽的阻塞位置比較特別，需要特別針對部位擠壓才能改善；有些媽媽的阻塞則來自身心壓力，必須得要寬心抒發情緒，症狀才會慢慢消退。極少數的情況，我會勸媽媽不要花太多心力在乳房上，而是先處理自己的身心狀況，有時乳腺阻塞會隨著身心放鬆而自然地改善。

　　依我的原則，是先評估目前的狀況再向家長說明，並且教媽媽如何觀察自己的身體，利用正確的方法解除不適症狀，也會告知一般可能的變化。若是媽媽覺得恢復狀況不如預期，就需要再次評估，甚至安排進一步的醫療檢查或處置。

　　「媽媽，剛剛教的都學會了嗎？回去請不要看時鐘，也不要只照我說的，要觀察身體的訊號與寶寶的反應進行處理，若超過我說的時間還沒有改善，就要跟我聯絡喔！」這就是我在診間最常說的話。

　　泌乳顧問可以在產後變化最大的頭一個月頻繁接觸媽媽與寶寶，從一開始就瞭解媽媽與寶寶的狀況並尊重家長的想法，提供想要哺乳的家長良好且妥善的支持，也協助不想哺乳的媽媽把乳房狀況照顧好、安全

離乳。新手上路的第一個月，預防問題的發生比起事後的治療，效果要來得好，當然也更需要細緻、專業的整體照顧。

● 認識「國際認證泌乳顧問」

國際認證泌乳顧問（International Board Certificated Lactation Consultant, IBCLC）是提供健康照護之專業人員，除了必備的技巧、知識與態度之外，須通過難度相當於碩士層級的國際考試取得認證資格。不僅可以獨立協助母乳哺育，並針對相關問題提供專業處理。

截至二〇二二年三月，全世界 122 個國家中，有超過 32,553 位國際認證泌乳顧問，包括美國有 18,503 位、加拿大有 1,919 位、澳洲有 2,094 位、 紐西蘭有 266 位、荷蘭有 509 位、奧地利有 494 位、日本有 930 位、南韓有 566 位、 新加坡有 75 位、香港有 358 位泌乳顧問等。至於臺灣目前約有 195 位經過認證的泌乳顧問，包含北中南東部地區都有。

泌乳顧問來自不同的背景，有助產士、護士、兒童健康護士、醫師 (家庭醫師)、兒科醫師、產科醫師、衛教師、營養師、職能治療師、 物理治療師、語言治療師，以及有多年經驗且認證過的「媽媽支持諮詢員 (mother support counsellors)」。

國際認證泌乳顧問的專業職責

針對媽媽哺乳時可能遇到的問題加以預防，並在她們遇到困難時加以解決，就是泌乳顧問最重要的工作。常見的問題包括：哺乳姿勢及含乳姿勢的調整、如何確定寶寶是否吃到奶水，媽媽的乳頭疼痛、乳房腫

脹或有硬塊，以及媽媽擔心奶水不足、職業婦女如何維持泌乳、嬰兒哭鬧或排便問題、副食品的添加時機、嬰兒生長情形等。

另外也有一些特殊狀況，例如哺乳時服用藥物的選擇、孕期哺乳、協助有特殊狀況的媽媽或寶寶哺乳等。基本上，只要是哺乳的相關問題，泌乳顧問都可以給予專業的建議。

國際認證泌乳顧問與通乳師的差別

	泌乳顧問	通乳師
專業執照	需要通過國際證照的考試，具備一定的醫療知識及臨床經驗。	目前沒有認證考試，媽媽需先瞭解其背景及經歷。
醫療知識	泌乳顧問具備以下知識及訓練： · 泌乳專業課程至少 90 小時，主題不重複。 · 基礎醫學課程（解剖、生理、病理學等）。 · 一定時數的臨床實習。	良莠不齊。
增能媽媽	除了幫助媽媽解決乳房問題，也教導媽媽如何自救，避免脹痛等問題再次發生。	以解決目前乳房症狀為主。
收費	**NTD 600 ～ 3000** 泌乳顧問的費用會依據服務項目及泌乳顧問的資歷有所不同。	**NTD 900 ～ 2000**

泌乳支持是門新興的專業學問與技術，在目前的醫學教育中甚少提及，一般醫護人員對泌乳支持的瞭解並不多，所以過去泌乳媽媽的乳房不適並沒有專業人員協助處理，因此坊間有所謂的「通乳師」協助泌乳媽媽解決問題，但通乳師未經專業訓練，也沒有證照，容易有爭議。

「國際認證泌乳顧問」該具備的專業

我認識非常認真的非醫療相關人員，為了取得證照不僅進取泌乳課程，也修習基礎醫學課程，例如解剖、生理、藥理等，此後還要經過至少五百小時的臨床實習時數才能取得考試資格。考試合格後才能取得國際認證泌乳顧問（IBCLC）的資格，整個過程並不簡單。泌乳顧問的目標是全方位支持媽媽與寶寶，而非單純只是解決乳房的不適症狀。

由於產後每個時期乳房脹痛的原因都不太一樣，甚至同一位媽媽在

「國際認證泌乳顧問」的考取方式

	具有專業醫事人員證照	不具有專業醫事人員證照
原本工作內容	與孕產哺育相關的臨床工作人員，包括助產士、護士、兒童健康護士、醫師（家庭醫師）、兒科醫師、產科醫師、衛教師、營養師、職能治療師、物理治療師、語言治療師等。	與孕產哺育相關的非醫事人員，包括母乳志工、月嫂、保母等。
取得應試資格	修滿泌乳相關課程，以及五年以內與泌乳相關工作時數 1000 小時以上（依照工作時數與泌乳相關之比例計算，不同職類計算比例不同），以及專業醫事人員證照。	修滿泌乳相關課程，以及修滿基礎醫學課程（例如解剖、生理、藥理等），以及五年以內由國際認證泌乳顧問（IBCLC）直接監督下臨床實習 500 小時以上。
通過考試	取得國際認證泌乳顧問（IBCLC）資格，每五年續證一次。	取得國際認證泌乳顧問（IBCLC）資格，每五年續證一次。

不同時間的脹痛原因也不同，因此處理方式也不一樣，所以泌乳顧問不會在還沒瞭解整體情況時，直接替媽媽按摩乳房，而是會收集媽媽與寶寶的孕產哺乳史、觀察媽媽與寶寶的身體狀況、哺乳方式、擠奶方法與使用工具等，推測出乳房脹痛的可能原因，再以適合媽媽與寶寶的方法解決脹痛，並教導增能媽媽，讓媽媽後續能調整出適合的方式，避免脹痛再次發生。

　　以下我分享一位 L 小姐的故事，讓大家理解泌乳顧問能提供的協助有哪些。

　　L 小姐在週一早上門診準時坐在診間外，她進到診間後，我如常問了一句，「媽媽今天哪裡不舒服？」她立刻訴說著，昨天晚上突然覺得乳房好脹、好痛，不論用吸乳器或手擠，奶水就是流不出來，臨時在十點左右找到願意到府服務的通乳師，說也奇怪，她的乳房在通乳師的手裡好乖巧，奶水順順的流出，乳房也變軟了，脹痛舒緩許多。但是才過兩、三小時，乳房又再度脹起，奶水仍擠不出來，因為發生在半夜，找不到人協助，老公在旁邊也束手無策，所以一大早便來門診掛號。

　　媽媽在訴說這段辛苦過程的同時，不禁潸然淚下，我們看了也好心疼。讓媽媽好好發洩情緒後，先檢查媽媽的乳房，發現有奶水過多合併阻塞的情形，但還沒有進展到乳腺炎，應該不需要用藥。檢查的過程中試著手擠奶，果然隨著媽媽的情緒放鬆，奶水也順利地流出。

　　不過，只幫媽媽把乳房擠軟是很簡單，但沒辦法解決乳腺反覆阻塞的問題。為瞭解問題，我繼續以下的流程：

收集資訊

　　我仔細問了一下媽媽的哺乳史，她說自己很期待寶寶的到來，但寶

實不太願意吸吮乳房，目前寶寶三個多月大，以擠出奶水瓶餵為主。

觀察媽媽的身體狀況

我觀察到媽媽的奶量很驚人，一天可以擠出一千多毫升的母乳，塞滿整個冰箱，但乳腺仍反覆阻塞，像今天這樣的乳房疼痛已經發生過好幾次。雖然她也想過要退奶，無奈吃了各種傳言中的退奶食物，例如韭菜、麥芽、人蔘，卻一點效果都沒有，奶量仍然居高不下。

推測可能的原因

推測媽媽的困擾來自於奶量過多，加上平時是容易緊張的個性，所以在身體疲累或心情不佳的狀態下，乳腺就容易阻塞，但她不太會處理乳腺阻塞的狀況，只要一塞奶就更緊張，於是陷入「緊張—阻塞—緊張—阻塞」的惡性循環中。因此首要之務就是教會媽媽處理乳房阻塞的情況，打破這個惡性循環，才有機會避免乳腺再次阻塞。

提出適切的解決方法

我先請爸爸幫媽媽做背部按摩，舒緩媽媽緊繃的情緒與身體，接著讓媽媽練習手擠奶，由於檢查的當下已經先協助移出一些奶水，在乳房脹痛略為舒緩的情況下，手擠奶變得容易許多。

其實媽媽的擠奶技巧很好，奶水流動也很順，難怪奶量如此驚人。但是媽媽心中一直有個隱憂，擔心像之前一樣，一塞奶就沒辦法用吸乳器，再度落入手部痠痛、乳房脹痛等惡性循環中，所以我請爸爸回車上拿吸乳器，並確認媽媽的使用方式。結果奶水的流動如我預期的順暢，我也讓媽媽知道即使再度塞奶，也能運用吸乳器輕易地移出奶水，此刻媽媽才放心地破涕為笑，開心的離開醫院。

由於 L 小姐的奶量實在太多，花了好多時間才慢慢減量，中間也試

過親餵，但寶寶仍然不買單，所以後來不再堅持親餵，只是單純多抱抱寶寶，建立親密關係。減量的過程中偶爾會有塞奶的情況，但媽媽自救越來越有心得，有時來門診或是跟泌乳顧問通個電話，心情一放鬆，情況自然就改善。

在寶寶五個多月大的時候，L小姐決定停止擠奶，改餵配方奶。說也奇怪，就在心情覺得放鬆，不擠奶也不塞奶的狀態下，寶寶突然願意含上乳房，只是因為來不及泡奶，讓寶寶吸吮乳房安撫一下，沒想到寶寶吸得超好，也開始接受親餵。

在寶寶接近六個月大時，媽媽才終於體會到哺乳的親密感受，但媽媽已經不強求奶量，而是讓寶寶吸吮乳房當作安撫，以配方奶與副食品當作熱量來源，就這樣享受著她的哺乳生活，也覺得這比之前奶量超多時更開心。

我曾把L小姐的經歷發表在文章中，L小姐看完自己的哺乳故事後表示「真不敢相信這是我過去的日子。前五個月像一場醒不來的夢，沒有日夜，也說不出是美夢還是惡夢。不分日夜四小時擠一次奶，時間不是以天來計算，而是過不完的四小時。謝謝毛醫師一直以來的支持與鼓勵」。

「過不完的四小時」這真的是經歷過擠奶惡夢的媽媽才說得出來的感想。但是很多擠奶媽媽不知道，只要找到舒服的擠奶模式，晚上也可以好好睡覺。

真心建議不論哺乳或擠奶的媽媽遇到困擾，都可以找泌乳顧問評估

協助，說不定能找出更適合自己的方法。所以泌乳顧問也會動手解決媽媽的乳房問題的，不過最重要的還是找出原因、增能家長並持續支持陪伴，才能治標又治本。

泌乳顧問的處理方式

尋求泌乳顧問協助的方法與時機

不論產前或是寶寶已經很大了，若有哺乳方面的問題，或對於身邊親朋好友提供的意見感到困惑，都可以諮詢泌乳顧問。

預防勝於治療，我們建議媽媽在孕期就做好準備，預先認識泌乳顧問，產後的哺乳之路會順利許多。建議臺灣的爸爸、媽媽查詢「華人泌乳顧問協會網站」，瞭解自己所在地的泌乳支持資源。也可以向自己生產的醫療院所詢問，有些醫院或診所有泌乳顧問可以協助媽媽與寶寶。

當然，透過哺乳家長之間口耳相傳、互相介紹，也是常見的管道。若對泌乳顧問的資料產生疑慮，不妨利用網站確認，讓家長可以更放心。

♦ 認識華人認證泌乳照服員、泌乳指導與泌乳顧問

泌乳支持專業是一個新興的專業，即便是醫師或護理師等醫療專業人員，如果沒有進修泌乳的相關專業知識與技巧，只是基於自身經驗或口耳相傳，能夠支持泌乳家庭的能力也很有限。

不管在哪個國家，打開新手媽媽群組，都充滿了「每個人跟我說的都不一樣」、「怎麼上一胎可以，這一胎行不通」、「我鄰居都是這樣做，我怎麼沒辦法」等的怨言，這些都反應了泌乳專業知識與技巧充滿了落差，不論是醫療人員、保母月嫂或社區鄰里皆同。

華人泌乳顧問協會是一群認同泌乳專業的熱血人士組成，協助相關照護人員正確的泌乳專業知識與技巧，並且不間斷地舉辦專業課程，提供想要成為泌乳顧問或是已經是泌乳顧問的夥伴，持續進修切磋的機會。

華人泌乳支持能力認證的特色

為符合華人文化而建立的泌乳支持能力認證系統，不同於國際認證泌乳顧問的認證方式，分為泌乳照服員（CCLA）、泌乳指導（CCLI）與泌乳顧問（CCLC）三階段，不僅要筆試，還需要通過技術考試。

每一階段都需要修滿泌乳課程，並經過臨床實習或臨床個案紀錄，才能取得應試門檻。各階段的考試均包括筆試與技術考試，泌乳照服員是以自錄影片評分，泌乳指導與泌乳顧問則比照醫療教育體系中常用的OSCE 臨床技術測驗，以模擬案例考試與評分，過程嚴謹，是必須有實力才能取得的專業認證。

能力認證分為三階段，希望所有接觸產後媽媽與新生兒寶寶的照護

人員，例如保母、第一線護理人員或月嫂等，都能取得最基本的泌乳照服員資格。

　　泌乳照服員具備支持一般狀況下的哺乳或手擠奶能力，需要與泌乳指導、泌乳顧問或醫療人員合作，在遇上難以解決的情況時適時轉介，例如乳房腫脹疼痛、含乳不順利、寶寶愛哭鬧等，可以找泌乳指導來協助媽媽與寶寶，這也是泌乳指導在考試時會遇上的模擬案例。

　　若是泌乳狀況更複雜，例如需要使用輔具、寶寶拒吸母乳或特殊嬰兒哺乳等，就需要泌乳顧問的協助。這樣分階段的能力認證讓更多人有機會接觸泌乳專業的知識與技巧，也能透過認證肯定，保障服務的泌乳家庭。

　　由於泌乳支持能力認證系統非常新穎，尚未讓更多醫療專業人士或是泌乳家庭熟悉，是我們仍在努力推廣的部分。也期待這個認證系統能更廣為人知，只要有興趣從事相關工作的人員，經過專業課程、臨床實習的訓練與筆試、技術考的認證，讓臺灣支持泌乳家庭的觀念與技術都更為一致，進而讓更多的媽媽願意泌乳，遇上狀況能順利找到適合的人解決，也能持續享受哺乳生活。

　　媽媽們可透過協會網站的服務資源，或親朋好友介紹、生產機構媒合、產前課程等方式，聯繫泌乳顧問。然而在尋找泌乳顧問時，需要確認是否通過認證，通常通過認證的泌乳顧問會主動出示專業證照。媽媽們也可以透過協會的網站服務資源搜尋泌乳顧問並確認身分，避免受騙。

泌乳顧問的服務項目與收費建議

服務項目	認證泌乳照服員 (CCLA)	認證泌乳指導 (CCLI)	認證泌乳顧問 (CCLC)	國際認證泌乳顧問 (IBCLC)
乳房評估及照護	★	★	★	★
手擠奶的教導	★	★	★	★
協助開始哺乳	★	★	★	★
一般哺乳問題判斷與處理		★	★	★
舒壓技巧		★	★	★
運用不同姿勢哺乳		★	★	★
安撫嬰兒的技巧		★	★	★
職場哺乳的協助		★	★	★
特殊乳房狀況與哺乳			★	★
特殊嬰兒狀況哺乳			★	★
哺乳輔具的使用			★	★
拒吸母乳的處理			★	★
哺乳藥物諮詢			★	★
嬰幼兒餵食狀況建議			★	★
建議服務費用收取範圍（元／時）	NT.600 ～ 1200	NT.800 ～ 1500	NT.1200 ～ 2000	NT.1500 ～ 3000

〈註〉採取的服務方式可以為面訪、電訪、支持團體等，以上服務費用不含交通費，交通費視距離遠近、各地交通方式會有所不同。一般建議收費標準為每公里 8 ～ 10 元，服務費用的收取標準會依服務地區，服務資歷或不同條件，亦有所調整。
（資料來源：華人泌乳顧問協會）

哺乳相關團體及支持資訊

華人泌乳顧問協會	https://clca-tw.org/	
衛生福利部 國民健康署 孕產婦關懷網站 關懷專線： 0800-870-870	https://mammy.hpa.gov.tw/	
臺灣母乳哺育聯合學會	http://breastfeedingtaiwan.org/	
臺灣母乳協會	https://breastfeeding.org.tw/	
中華民國寶貝花園母乳推廣協會	https://www.facebook.com/ babysgarden.org/?locale=zh_TW	

找到適合自己的哺乳姿勢

為了讓寶寶順利地吸吮到奶水，產後媽媽需要練習如何抱穩寶寶並讓他靠近乳房。由於每位媽媽和寶寶的體型、健康狀況或體力都不同，因而有各種不同的哺乳姿勢，以便媽媽選擇適合的姿勢，舒服地享受哺育母乳的生活。若能讓媽媽學會以舒服的姿勢餵奶，是成功哺乳的關鍵。

◖ 舒服的哺乳姿勢與技巧

首先，這世界上並不存在「標準」的哺乳姿勢，只要覺得舒服，寶寶也喝得愉快，就是適合的姿勢。

其次，隨著寶寶的成長或生活需求，需要用到不同的哺乳姿勢，也是很正常的。一般建議家長練習二到三種哺乳姿勢，因應不同的生活需求，例如在沙發或椅子上坐著餵奶，以及在床上躺著餵奶等，是大部分

哺乳媽媽最常使用的姿勢。

　　最後，也是最容易被忽略的，舒服的哺乳姿勢需要練習。有些媽媽一開始只熟悉一種姿勢哺乳，沒想過可以轉換或練習其他姿勢，例如只會坐著餵奶，結果半夜也得離開溫暖的被窩坐起來餵奶，沒能享受躺著餵奶的輕鬆。

　　其實當一種姿勢上手後，只要經過指導與練習，嘗試其他姿勢並不難。另外，在剛開始練習哺乳時，需要時間上手也很正常，一般來說，若媽媽與寶寶的身心狀況良好，經過一到兩週的磨合期，通常就能找到彼此最舒服的方式。如果超過一至兩週仍未能舒服哺乳，就會建議找泌乳顧問協助。

TIPS

認識哺餵姿勢：
- 不存在「標準」的哺乳姿勢。
- 練習二到三種不同的哺乳姿勢。
- 舒服的哺乳姿勢是需要練習的。

　　新生寶寶需要長時間哺乳，一整天大約會需要花費七到八小時喝奶，為了不讓媽媽在每次哺餵母乳時感到肩頸痠痛、寶寶又能吃得好，找尋舒服的姿勢很重要。以下就來介紹舒服哺餵母乳的三個步驟

媽媽的後背及手臂要有舒服的支撐

　　媽媽可以依照身體狀況選擇坐著或躺著，但背後和抱著寶寶的手臂都要有支撐，例如自然產後的傷口很痛，或是痔瘡嚴重時很難久坐，會建議媽媽躺著哺乳；若躺得太累希望改變姿勢，就可以坐著哺乳。產後初期也能利用斜躺式的哺乳，也稱為生物哺育法（biological nurturing），媽媽坐在按摩椅或床上，呈現向後斜躺的角度，也是很受媽媽歡迎的哺乳姿勢。

正確

NG

後背無支撐。

手臂懸空。

▲媽媽的背後及手臂
　要有舒服的支撐。

媽媽與寶寶肚子貼肚子，鼻頭對乳頭

當媽媽以舒服的姿勢坐穩後，一手托住寶寶的頸背部，另一手托住寶寶的臀部，將寶寶抱起，然後肚子貼肚子，鼻頭對乳頭，貼緊媽媽的身體，讓寶寶的頭和身體成一直線。請媽媽們記住要支托寶寶的頸背部，而不是壓住寶寶的頭部。

另外，可以用對側的手掌托住嬰兒頸背部，或是用同側的手肘墊在嬰兒頸背部下方。寶寶的臀部也需要有良好的支托，可利用手臂、枕頭或哺乳枕墊在下方。

接著，將寶寶抱穩，讓寶寶的頭靠近媽媽的乳房，下巴貼著下乳暈，鼻頭人中的位置對著乳頭，誘發寶寶張開嘴巴。這時寶寶通常會伸出舌頭舔媽媽的乳頭及乳暈，在他張開嘴巴的同時將乳暈含入口中，舌頭自然蠕動吸吮，刺激媽媽的乳頭讓奶水流出，然後吞嚥奶水。

這個步驟在初期需要彼此磨合練習，有些寶寶的口腔與舌頭動作發展尚未靈活，需要練習與整合；有些媽媽與寶寶找不到適當的哺乳距離，即使寶寶很努力地舔乳頭、乳暈，卻沒辦法將乳暈含入口中；有些媽媽的乳頭或乳暈形狀較不利於含乳，需要更多協助技巧或磨合的時間。當媽媽熟練哺餵姿勢，寶寶也熟悉含乳方式，一般只要在寶寶想吃奶時餵奶，寶寶就能在一秒鐘內順利含上乳房開始吸吮吞嚥，媽媽也不會感到疼痛。

放好支撐物，享受哺乳時間

寶寶正在含乳的過程（第二個步驟）是最需要觀察的，寶寶順利含上乳房後，就會開始規律的「吸吮－吞嚥－呼吸」，這個協調的口腔

動作讓寶寶可以順利地喝到奶水。由於新生寶寶正在練習哺乳，也是快速成長的時期，一天總共需要花費七到八小時的哺乳時間是很正常的。所以第三個步驟就是讓媽媽安心地享受每次的哺乳時間。建議這時期的媽媽試著感受一下身體的狀態，如果手臂會痠，可以用枕頭或毛巾捲墊在手臂下方，加強手臂的支撐；如果肩膀會痠痛，記得在頸背部加個靠枕，讓背後有充分的支撐，總之，請讓自己保持在舒服放鬆的狀態，享受每次數十分鐘的哺乳。

不論何種哺乳姿勢，都會符合上述三個基本步驟。媽媽可以依照自己與寶寶的身體狀況選擇喜歡的哺乳姿勢。

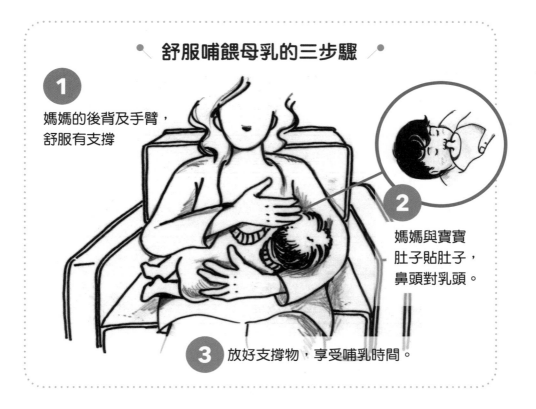

舒服哺餵母乳的三步驟

1 媽媽的後背及手臂，舒服有支撐

2 媽媽與寶寶肚子貼肚子，鼻頭對乳頭。

3 放好支撐物，享受哺乳時間。

1. 媽媽把自己當成奶瓶，拚命將乳頭、乳暈塞進寶寶嘴裡，這會影響寶寶的含乳姿勢，有時也會導致乳頭疼痛。

2. 寶寶的嘴巴對著乳頭，下巴未貼緊乳房，只含住乳頭前端，這並非理想的含乳姿勢，也會導致乳頭受傷疼痛。

3 寶寶在含上乳房之前，經常會先舔乳頭及乳暈，也會在這個時候擺動頭部，找到最適合的角度含上乳房。有些媽媽將這樣的擺動解讀成「搖頭拒絕」，以為寶寶不喜歡。其實寶寶並不知道搖頭的意義，只是協調身體的本能動作，試著找到含乳的姿勢，並非拒絕含乳或不想含乳的意思。通常把寶寶支托好，穩定的讓寶寶下巴貼住乳房，寶寶擺動頭部的狀況也會減少。

◢ 常見的哺乳姿勢

　　針對產後初期的媽媽與寶寶，介紹以下常用的哺乳姿勢，新手媽媽可依照書中介紹的哺乳姿勢及技巧多練習，一開始有許多不適應是正常的，如果一週後仍無法舒服地哺乳，建議盡快尋求泌乳顧問的協助。

　　隨著媽媽抱寶寶的姿勢日漸熟練，寶寶喝奶的技巧也會不斷進步，媽媽和寶寶自然會找出喜歡的姿勢與默契。

搖籃式

　　這是哺乳媽媽最常使用的姿勢，也是最直覺的姿勢。

適用對象

健康足月的寶寶。

抱寶寶的方式

將寶寶橫抱在腿上或哺乳枕上,以乳房的同側手臂托住寶寶的頸背部哺乳,例如用右手臂托住寶寶的頸背部餵右乳。

寶寶的臀部有支撐。

1

媽媽以手軸取代手掌,手臂下方有支撐。

2

媽媽的姿勢

• 上半身:直立坐起,背後要有支撐,建議選擇有靠背的椅子、沙發,若是在床上,可背靠著牆壁或床板。

• 下半身:以舒服的姿勢擺放,雙腳屈膝、盤腿、踩地或腳凳上均可。

TIPS

• 轉換支撐點:**抱穩寶寶後,改以手肘取代手掌支撐寶寶的頸背部,接著讓寶寶輕輕貼緊身體,分攤寶寶的重量。**

• 寶寶的臀部要有支撐:**讓寶寶的臀部靠在媽媽的對側大腿上,或是哺乳枕上,分攤寶寶身體的重量。**

• 媽媽的手臂下方要有支撐物:**托住寶寶的那隻手臂下方要有支撐物,無論是枕頭、哺乳枕、毛巾捲或扶手均可。若出門在外,可使用外套或包包墊在手臂下方。**

反向搖籃式（又稱交叉搖籃式，cross cradle hold）

因為是以手掌支撐寶寶的頭頸部，比起搖籃式更容易掌握寶寶的哺乳位置。隨著寶寶的體重逐漸增加，若還是以前臂支托寶寶，手臂負擔恐會過大，建議在寶寶含上乳房後，轉換成搖籃式的哺乳姿勢。

適用對象

- 體形較小的寶寶：需要支撐，且體重較輕的嬰兒或早產兒
- 乳房非常豐滿的媽媽：搖籃式（同側手）支撐寶寶，可能使得寶寶的位置高於乳房，不利於含乳，若以對側手臂支撐寶寶，比較容易操作。

抱寶寶的方式

與搖籃式很接近，差異是用對側手臂托住寶寶的頸背部哺乳，例如用右手托住寶寶的頸背部哺餵左乳，此時另一隻手可輕輕托住乳房，方便寶寶含乳。

媽媽的姿勢

- 上半身：直立坐起，背後要有支撐，建議選擇有靠背的椅子、沙發，若是在床上可背靠著牆壁或床板。
- 下半身：以舒服的姿勢擺放，雙腳屈膝、盤腿、踩地或腳凳上均可。

寶寶較大時，改以
同側手臂支撐。

1

3 媽媽的手臂
下方要有支
撐物。

2
寶寶的臀部要有支撐。

TIPS

- 寶寶較大時轉換支撐手臂：當寶寶含上乳房後，改以同側手臂托住
  寶寶，讓寶寶的頭靠在手肘內側，轉換成搖籃式的哺乳姿勢，減少
  前臂的負擔。

- 寶寶的臀部要有支撐：體重較輕的寶寶，可用前臂將其整個支托住；
  體重較重的寶寶可放在對側大腿或哺乳枕上，分攤寶寶身體的重
  量。

- 媽媽手臂下方要有支撐物：托住寶寶的那隻手臂下方要有支撐物，
  無論是枕頭、哺乳枕、毛巾捲或扶手均可。若出門在外，可使用外
  套或包包墊在手臂下方。

橄欖球式

　　這屬於比較容易掌控寶寶哺乳位置的姿勢，亦可減少剖腹產媽媽的身體負擔。但是若寶寶體型較大或已經兩、三個月大，會因為寶寶的體重較重，而難以用手臂長時間支撐，寶寶也會因為腳的長度變長而找不到合適的擺放處，以至於媽媽會抱怨，這個姿勢讓寶寶邊喝奶邊踢腳，造成含乳位置移動。

適用對象

- 體形較小的寶寶：因為整個頸背部的支撐較為穩定，比搖籃式更能掌握寶寶，所以適合需要支撐且體重較輕的寶寶或早產兒。
- 剖腹產的媽媽：產後初期若想用坐姿哺乳，比較不會壓到傷口。

抱寶寶的方式

　　用同側手托住寶寶的頭頸部，順勢帶到媽媽的胳膊下方，輕輕貼緊媽媽身體的側腰部哺乳，例如用右手托住寶寶的頭頸部，順勢帶到媽媽的胳膊下，輕輕貼緊媽媽身體的側腰部哺餵右乳。

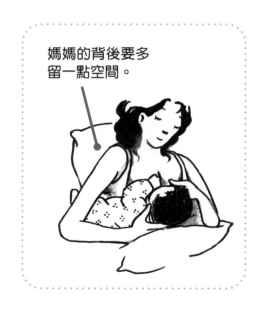

媽媽的背後要多留一點空間。

媽媽的姿勢

- 上半身：與搖籃式相同，差異在於媽媽的背後要多留一點空間，

讓寶寶的腳能夠伸直。

• 下半身：以舒服的姿勢擺放，雙腳屈膝、盤腿、踩地或腳凳上均可。

• 寶寶的頸背部：抱著寶寶時，建議用手掌支撐其頸背部，小心不要推壓寶寶的頭部，而是讓寶寶輕輕貼緊媽媽身體的側腰部。

• 寶寶的臀部要有適當的支撐：以媽媽的手臂支托寶寶的全身，讓寶寶的臀部靠在媽媽的手肘處。

• 手臂下方要有支撐物：媽媽的手臂墊在枕整頭、哺乳枕或扶手上，而手臂只是用來固定寶寶，不需要負擔其全身的重量。

側躺式

　　側躺的哺餵姿勢不用抱著寶寶，亦能讓媽媽與寶寶同時放鬆，經常在哺餵、吸吮的過程中雙雙睡去，這也是產後媽媽爭取休息時間的重要姿勢。

適用對象

• 無法久坐的媽媽，例如剖腹產、痔瘡不適。

• 想要在哺乳時同時休息的媽媽。

抱寶寶的方式

• 媽媽與寶寶面對面側躺在床上，用對側手托住寶寶的頸背部哺乳，例如媽媽右側躺，寶寶面對媽媽乳房位置的高度左側躺，哺餵右乳。

哺乳姿勢

- 媽媽側躺在床上。

- 兩腿膝蓋自然彎曲，兩膝中間夾一顆枕頭，亦可一腿伸直一腿彎曲，讓媽媽的尾椎、腰椎更放鬆。

- 如果側躺的時間較長，建議在媽媽背後放一個較硬的枕頭當支撐，會輕鬆很多。

- 媽媽可以略為轉動上半身，將乳頭高度調整到寶寶鼻頭人中處，會讓寶寶更容易含上乳房。

- 寶寶含上乳房開始吸吮時，可以用小枕頭或毛巾捲墊在寶寶背後，當寶寶從脖子到屁股都得到支撐後，媽媽就可以放手休息了。

- 寶寶靠近床的那隻手臂，可能會擺放在媽媽乳房的下方、媽媽與寶寶的身體中間（接近寶寶胸口處）或是寶寶身體旁邊，只要寶寶舒服，這些位置都是可以的。

- 媽媽側躺的姿勢不良，有可能造成骨盆歪斜或是全身緊繃，無法長時間維持舒服的側躺姿勢。

- 媽媽一直移動身體或是用手大幅度抬高乳房，想要將乳房塞入寶寶口中，反而造成含乳不順利或含乳姿勢不良。

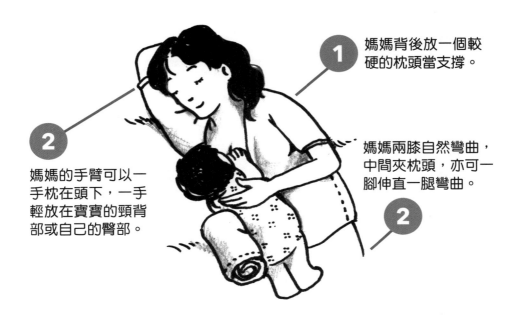

1 媽媽背後放一個較硬的枕頭當支撐。

2 媽媽的手臂可以一手枕在頭下，一手輕放在寶寶的頸背部或自己的臀部。

媽媽兩膝自然彎曲，中間夾枕頭，亦可一腳伸直一腿彎曲。

2

側躺式是安全的哺乳姿勢嗎？

側躺餵是四足類哺乳動物的常用姿勢，例如貓、狗、牛、羊、馬、獅子或老虎等，當媽媽穩定的側臥時，胸前會出現安全空間，是寶寶可以放心喝奶的自然位置。

有些家長擔心側躺餵會壓到寶寶，但通常是側躺姿勢不良引起。請媽媽側躺餵時背後要有支撐，身體自然側臥，雙肩連線與床的平面約呈九十度，膝蓋彎起，手臂自然放鬆。

大家都可以試試看以上述方式側躺，閉上眼睛，讓身體盡量放鬆，你會發現身體會自然向背後倒，無法往胸前壓住孩子，這是人體工學的自然原理。

所以建議家長以正確舒適的側躺姿勢哺乳，就能提供寶寶安全的空間，也讓自己好好休息放鬆。

生物哺育法

在臨床上，會看到心急的媽媽經常推著寶寶的頭，反而讓寶寶更抗拒，建議讓寶寶趴在媽媽身上，誘發出寶寶尋乳、吸乳的本能，等寶寶出現尋乳動作時，再順勢讓寶寶含上乳房。即使無法立刻成功含乳，務必多做肌膚接觸，通常在兩個月以內的寶寶都還有很強的尋乳本能。

適用對象

- 拒絕含乳的寶寶。
- 習慣強迫寶寶含乳的媽媽：這個姿勢讓習慣強迫寶寶含乳的動作完全無法發揮。
- 容易溢吐奶的寶寶遇上奶量很大的媽媽：利用生物哺育法時，媽媽的奶速會較慢，寶寶比較不會喝過量，溢吐奶的狀況也會減少。

抱寶寶的方式

向後斜躺在床上或躺椅上，讓寶寶趴在媽媽胸前喝奶，媽媽的手只要維持寶寶的姿勢穩定就可以。

媽媽的姿勢

- 媽媽向後斜躺或平躺，通常一開始利用斜躺姿勢會比較容易上手。

- 媽媽的後背與手臂都要有良好的支撐，讓媽媽的身體放鬆。
- 下半身以舒服的姿勢擺放，雙腳屈膝、伸直放在床上，踩地或腳凳上。

- 讓寶寶趴在媽媽身上，如果是抗拒含乳的寶寶，把寶寶的頭放在媽媽的胸前，讓媽媽與寶寶肌膚接觸，等待寶寶出現尋乳動作，再引導寶寶含上乳房。

- 將寶寶放在想哺乳的那側乳房，讓寶寶的下巴貼著乳房，寶寶會自行舔著乳房後含上。想要移動寶寶時，可以用手從腋下支托寶寶，換到另一邊乳房哺乳。

- 媽媽斜躺的角度越接近直立，哺乳過程就越需要用手臂支托，以防寶寶往下滑。媽媽斜躺的角度越接近平躺，就越不需要用手臂支托寶寶。

- 媽媽若沒有舒服地向後斜躺，想要坐直並用手控制寶寶的身體，過度地強迫飽飽含乳，可能讓他更抗拒乳房，失去生物哺育法的初衷。

- 寶寶的衣物若穿得太厚重，會阻礙他的本能，只要替寶寶穿著輕薄的衣服即可，並記得讓他的手腳露出來，讓寶寶可以接觸到媽媽。

- 掃瞄右方條碼觀看 GOOD TV《愛＋好醫生》節目中，毛心潔醫師與黃瑽寧醫師合作的哺乳姿勢衛教影片動作。影片連結為：**https://www.youtube.com/watch?v=YvuXD_4A64k**

哺乳常見錯誤

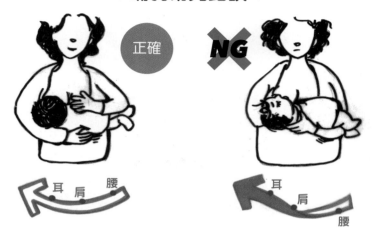

- 媽媽哺餵母乳常會忘記往後靠,使背部懸空,上半身前傾,長期下來容易腰痠背痛。
- 全程以手腕或手掌支托寶寶的頭部或頸背部,忘記適時變換支撐點,使得手腕負擔過大。
- 將寶寶放在哺乳枕上,但肚子沒有與媽媽貼緊,而是朝天花板的方向,只有頭轉向乳房喝奶,容易造成含乳不良。
- 媽媽推著寶寶的頭靠近乳房,有時寶寶會掙扎,反而更難含上乳房。

　　等到哺乳成為一個習慣後,生活中可以利用的哺乳姿勢非常多,只要媽媽的後背及手臂舒服有支撐,寶寶含乳良好、喝得開心、就是適合的姿勢。尤其等到寶寶會滾、會坐、會站、會走後,哺乳的姿勢就更多元了,媽媽與寶寶就能發揮創意,達成自己的「自由式」哺乳。

職場哺乳的準備與常見困境

- - - -

　　哺乳期間的媽媽在休完五十六天的產假，或結束一年、半年的育嬰假後，若要兼顧工作與哺乳，可以事先計畫好。例如產前先瞭解職場的軟硬體狀態，取得家人的支持，以及上班前便與寶寶建立良好的默契等。當媽媽將「哺乳融入生活」，即使回到職場，也只是在生活中多了上班這件事。花一些時間調整跟磨合，通常都能找到適切的職場哺乳生活方式。

從懷孕開始為日後的哺乳做準備

　　首先請媽媽瞭解相關法令，在《性別工作平等法》第十八條中，子女未滿兩歲須受僱者親自哺乳者，除規定之休息時間外，雇主應每日另給哺乳或集乳時間六十分鐘，前項哺乳時間視為工作時間。延長工作時

間超過一小時、哺乳或集乳時間增加三十分鐘。

　　接下來請媽媽與職場哺乳前輩交換意見，瞭解主管與同事對於哺集乳的態度，以及哺集乳環境是否友善，職場哺乳前輩如何分配工作與哺集乳的時間，保母或長輩照顧哺乳寶寶的經驗等。如果職場哺集乳環境並不友善，建議媽媽與主管、同事溝通，告知哺乳的好處以及相關法規，同時提出職場哺乳需求。

TIPS

- 瞭解相關法令
- 與職場哺乳前輩交換意見

◦ 哺乳模式與回歸職場的衝接

　　哺乳媽媽的工作型態相當多元，很難有標準做法，請媽媽把握基本原則，只要與寶寶在一起的時間就盡量親餵，不能親餵寶寶的時間就擠出奶水由照顧者餵食。若媽媽能請育嬰假在家照顧寶寶，直接親餵是最省力的方法，這是對孩子與家庭最好的投資。若不方便請育嬰假，即使在產假結束後就要回到職場，也建議維持晚上和假日親餵，省

下擠奶、洗奶瓶的時間，若遇上乳腺阻塞或奶量減少等狀況，也較容易透過親餵解決。有些媽媽的工作很彈性，可以請照顧者帶著寶寶到工作場所親餵，或是工作空檔回家親餵寶寶，都是能依照自己需求選擇的職場哺乳模式。

以產假五十六天的媽媽為例，生產後請媽媽盡量讓寶寶「無限暢飲」，練習正確並舒服的哺乳姿勢，通常磨合一個月後，媽媽會越來越瞭解寶寶的個性與習慣，哺乳與含乳姿勢也更順手。當親餵的奶量滿足寶寶所需，甚至還能再擠出奶水，而寶寶的排泄與生長狀況也都良好，表示哺乳的狀況十分順利。

建議產假結束前兩週開始準備母奶庫，每次餵奶結束再試著多擠一些奶水儲存，量不用太多，一次能擠十五至六十毫升就已經很好了。每日大約儲存五十至一百毫升，兩週約可以儲存七百至一千四百毫升的庫存母乳。這些預備用的庫存母乳除了當天要吃的量，其他可以暫時冷凍儲存，需要時再解凍。

TIPS

只要與寶寶在一起就盡量親餵，不能親餵的時間就擠出奶水由照顧者餵食。

上班擠奶，下班親餵

正式上班後，盡量維持四小時擠奶一次，單次擠奶時間控制在三十分鐘左右。如果遇上開會，長時間無法擠奶，請先利用五至十分鐘擠出

一些奶水，開完會再盡快擠奶。工作行程不固定或很忙碌的媽媽，請有空就擠，例如利用十至十五分鐘的空檔擠奶亦可。

當天擠出的奶水，請在第二天餵給寶寶吃，讓寶寶吃最新鮮的奶水。若當天太忙、擠奶量不足，可以拿庫存冷凍母奶補足量。若白天奶量喝得不多，晚上回家親餵時，寶寶會吃到他想吃的奶量。

因為要讓寶寶適應新的照顧者，建立新的依附關係，可以考慮在上班前一週改由保母或長輩照顧寶寶。若要讓親餵為主的寶寶逐漸熟悉瓶餵，也可試著在白天由照顧者以奶瓶餵食，初期可能會因為不習慣而哭鬧是很常見的狀況，要請照顧者多花點耐心安撫。

媽媽可以試著模擬日後上班的行程擠奶，如此也能熟悉擠奶器或手擠奶的技巧。根據研究，最有效率的擠奶方式還是以擠奶器搭配手擠奶，是可以擠出最多奶量的方法。

一般朝九晚五的上班族媽媽，上班後每日的擠奶量，大約以寶寶每日總奶量的一半去估算。以一至六個月大的寶寶為例，每日總奶量約六百至八百毫升，假設媽媽上班離開寶寶的時間為十二小時，能擠出三百至四百毫升就應該就很足夠。這時期的寶寶，瓶餵時以每小時三十毫升為參考值，若每三小時瓶餵一次，每次大約準備九十毫升左右的母奶，但寶寶有可能大小餐或吃奶時間不固定，這都是正常的情形。以上無論擠奶量或喝奶量都只是參考值，千萬不要被數字綁住，一切還是以寶寶的需求與成長狀況為主。

擠奶瓶餵的奶水使用原則

有些媽媽將擠出奶水全以奶瓶餵食，只要能維持奶量的供需平衡，擠奶育兒生活順利進行，也是可行的方式。

新鮮擠出的奶水在室溫二十五度以下可放置五至八小時，只要家中室溫沒有超過二十五度，擠出的母乳可以不放冰箱，但需要在五至八小時內食用完畢，也能省下許多裝袋、冷藏與回溫的不必要步驟，把時間運用在與寶寶的互動。

媽媽在冰箱只需要保持少量庫存即可，如果發現每天擠出的奶量寶寶都喝不完，儲存的量也日漸增加，就會建議試著下修奶量，直到與寶寶喝奶量供需平衡，避免媽媽過度泌乳。

母乳儲存的溫度與時間建議：

- 室溫二十五度以下，可放置六至八小時。
- 冷藏，約五至八天。
- 冷凍，約三至六個月。
- 回溫方式：隔水加熱，不可使用微波。

理論上給寶寶喝新鮮的母乳，所以當日擠出來的母乳，若隔日喝掉放冷藏就好，不需要冷凍。如果要使用冷凍的母乳，可先以冷藏方式解凍，於二十四小時內回溫給寶寶喝。若有急用，可以在室溫下解凍後，立刻隔水加熱給寶寶喝，但解凍後的母乳，不可以再次冷凍。

預先與照顧者建立關係

不少親餵的寶寶，因為要與媽媽分離，無法適應其他的照顧者或哺

餵方式，而變得不容易安撫，以至於媽媽與照顧者陷入親餵好或瓶餵好的問題之中。

首先請媽媽理解，對於大部分的寶寶而言，親餵與瓶餵是可以併行無礙的。但總有些寶寶習慣其中一種方法後，很難再適應其他的哺育法，請媽媽在此刻試著思考如何讓寶寶接受新方法，而不是斷然停掉之前的習慣，要寶寶突然接受並適應全新的餵食方式，對於寶寶而言其實有點殘忍。以下分享幾位媽媽的轉換經驗與我的建議給大家參考。

曾有過一位全親餵的媽媽，在寶寶剛滿三個月時準備再度回到職場，上班前試過兩次瓶餵母乳，寶寶反應非常強烈，甚至大哭拒食，不管媽媽或爸爸餵都一樣。於是媽媽開始後悔當初沒有聽從親友的告誡，固定每日至少一餐讓寶寶練習瓶餵。

其實這位寶寶很聰明，只喜歡正版不接受山寨版，所以要慶幸有堅持親餵，若寶寶選擇瓶餵，可能抗拒的就是乳房。引導這樣的寶寶接受瓶餵，最重要的就是有耐心，若寶寶不肯喝就不要勉強，肯喝就鼓勵他，並尊重寶寶的食欲，若他不想喝就停止餵奶，過多的奶水反而讓寶寶不適。

請照顧者花時間耐心地與寶寶培養感情，多觀察寶寶的需求，當寶寶真的想喝再餵，避免強迫餵食，讓寶寶即使在照顧者身邊也能感到安心，通常過了適應期，寶寶就會接受讓照顧者瓶餵了。避免在磨合期按表操課，在寶寶不想喝奶時，強迫以奶瓶餵奶只會讓他感到被逼迫而不開心，可能會越來越抗拒奶瓶。不妨多花時間與寶寶互動，當與照顧者建立默契後，就會理解到與照顧者在一起就是喝奶瓶，與媽媽在一起就可吸吮乳房。

當媽媽與寶寶在一起時就親餵，給寶寶滿滿的安全感，讓他知道媽媽不會時時刻刻在身邊，但是只要在身邊就會盡量滿足他的的需求。只能說這些寶寶特別有主見，媽媽則從這些過程中更瞭解寶寶的個性，找出適合彼此的哺育與教養方式。

TIPS

- 耐心觀察寶寶的需求，並尊重他的食欲，不強迫餵食。
- 請照顧者瓶餵時穿著媽媽穿過的衣服（最好還帶著奶香味的衣服）。
- 照顧者嘗試使用不同口徑或孔洞的奶嘴餵食後，寶寶仍堅持不接受奶瓶，或許可以考慮利用杯餵、針筒、湯匙等方式餵奶。
- 媽媽與寶寶在一起時就親餵，通常寶寶在親餵時會把想吃的奶量補足。
- 寶寶需要適應的不是奶瓶，而是與媽媽分離。

　　不只一位媽媽詢問過關於寶寶拒絕瓶餵的困境，其實寶寶都很健康，但因為身邊的人不斷碎念，反而令媽媽感到恐慌。

　　有一位幸運的媽媽，預計在上班前一個月將寶寶托給保母照顧，保母為了與寶寶建立關係，以及讓寶寶熟悉環境與另一位孩子，便邀請媽媽有時間就帶寶寶去他家玩，由此可見這位保母理解寶寶在轉換依附對象時需要時間適應，真心替他們開心。我建議這位保母等到與寶寶熟悉後再嘗試瓶餵，或改用吸管杯、學習杯等工具喝奶，不強迫不躁進，一起觀察寶寶的改變。

不過，另一位媽媽就沒這麼幸運了，找來找去都是請媽媽斷然停止哺乳的保母或托育機構，逼迫寶寶接受奶瓶，原本就不喜歡奶瓶的寶寶當然更加抗拒，搞得還沒送托，親子關係都折損了一大半。

我請媽媽一定要當孩子的後盾，與寶寶在一起時給予滿滿的安全感，讓寶寶有時間適應托育人員與環境，等到與老師或保母建立默契後，說不定原先在家不願意瓶餵的寶寶，能接受在托嬰中心或保母家瓶餵。重點是這幾位寶寶都介於六至十二個月之間，已經到了吃副食品的年紀，所以就算在保母家不接受奶瓶，可以吃副食品止餓、止渴，等媽媽回家後再多喝一些母乳，也是可行的方式。

無論寶寶要多花點時間接受奶瓶，或是怎麼樣都拒絕瓶餵，日子都還是過得下去。寶寶需要的是新關係的建立，新的餵食方式只是新關係的其中一環。

寶寶與不同照顧對象建立不同默契是超級正常的，所以不用期待他在家與在外的表現一樣，也不用擔心他在家的習慣與在保母家的習慣不同。寶寶很聰明，過一陣子就會發現跟媽媽在一起就吸吮乳房，跟保母或老師在一起就吸奶瓶的規則，前提在於要讓照顧者與寶寶建立穩定的依附關係，讓寶寶感受到安全與放心，照顧嬰幼兒的人員一定都要瞭解依附關係的重要性！

改變環境與照顧者對寶寶是不小的壓力，需要時間適應，更需要成人耐心的陪伴與照顧。有個性的寶寶也許需要更多的時間適應，希望透過適應的過程讓媽媽更瞭解孩子的個性與氣質，也讓寶寶瞭解雖然照顧環境改變了，但不管在哪裡仍被重視與愛護。

所以我超級不贊成照顧者要求媽媽與寶寶斷然離乳，這無視媽媽和

寶寶的需求，也未尊重媽媽和寶寶的決定，重點是過程通常很慘烈，反而無端耗損親子關係。這應該也不是理解嬰幼兒身心需求的照顧者會給的建議。

母奶是「有吃有保庇」，部分哺乳的寶寶（部分母奶加上部分配方奶），比完全不哺乳的寶寶咬合不正、腹瀉及中耳炎等疾病的機率低。母乳中永遠都有抗體，就算奶量不足以提供寶寶完全的營養需求，但母乳中的抗體仍可提供免疫需求，這是配方奶無法取代的。就算每天只哺餵一次母乳，也能提供寶寶很珍貴的抗體，請職場媽媽不要小看神奇的母乳，但也不一定要追求全母乳，有時部分哺乳可能比全母乳更適合自己的生活方式，一切都要試了才會知道。

請媽媽記得，人的身體是有彈性的，如果上班不方便擠奶，也可調整為上班不擠奶，讓寶寶喝配方奶，下班繼續親餵；或是平日擠奶，假日親餵；又或是完全擠奶瓶餵；甚至大部分喝配方奶，哺乳少少次當成安撫等，都是家長可以做的選擇。重點是找到適合自己的生活步調，只要媽媽覺得開心自在，身體心理不感到負擔，能夠持續下去，就是最好的哺乳方式。

取得家人的支持

職場的媽媽要適應上班擠奶，下班親餵的節奏，而爸爸或其他家人除了餵奶這件事，也有許多能夠一起分攤的育兒大小事。例如幫寶寶洗澡、換衣服、換尿布、安撫、共讀，或哄睡等，這些都是爸爸或其他家人與寶寶相處及建立關係的機會。如果媽媽白天擠奶，可能會有奶瓶或

是吸乳器的配件等需要清洗消毒，此外還有備餐、洗衣、打掃等家務，也需要外包或分工一起完成，如此才能讓生活更舒適。

有些媽媽覺得既然之後要回職場，白天會由照顧者瓶餵哺乳，只要持續擠奶就不用學親餵。這沒有標準答案，瓶餵與親餵會隨每個家庭的支持度、寶寶哺乳的狀況與媽媽是否找到適切的擠奶方式等因素有關。總體來說，擠奶瓶餵比較耗費時間人力，如果媽媽單人操作，就要花時間擠奶、瓶餵、洗奶瓶與吸乳器的配件等，這會比直接親餵耗時、耗力。但若家人可以分擔，媽媽只需要擠奶，瓶餵與清洗的工作有人分擔，或是已經習慣擠奶瓶餵的節奏，也是可以持續下去的選擇。

我曾經遇過消防員媽媽，平日住在宿舍將奶水擠出，休假回家才能親餵寶寶，這樣也持續超過半年。但也遇過全日擠奶的媽媽，遇上工作忙碌沒空擠奶，回家也沒有寶寶吸吮乳房解救阻塞，反覆遇上乳腺阻塞，讓擠奶生活難以持續。所以鼓勵哺乳媽媽找到適合的職場哺乳模式，家人更要全力支持，一同分擔家務，給媽媽信心與力氣達成職場哺乳的目標，讓寶寶能持續喝到量身訂做的母乳。

TIPS

幫寶寶洗澡、換衣服、換尿布、安撫、共讀，或哄睡等，這些都是爸爸或其他家人與寶寶相處及建立關係的機會。

找出適合自己的擠奶模式

••• —

　　臨床上實在太多擠奶迷思，有些媽媽無所適從，把自己搞得又痛又累，即使奶量很多都難以維持下去，真的很可惜。建議媽媽能多瞭解擠奶的基本原則，便能找出適合自己的擠奶模式，既能維持奶量，又能避免乳腺阻塞或發炎的困擾。

　　臨床上有許多擠奶迷思，其中最常見的四個迷思有「每四小時擠奶一次，半夜設訂鬧鐘起來擠？」、「擠奶間隔要固定，錯過就會阻塞？」、「每次擠奶都要三十分鐘，或擠到固定的奶量才能停止，不然會容易阻塞？」、「買了最高檔的吸乳器，卻還是吸不出奶水？」，希望以下的說明有助於促進奶量，也能讓大家在晚上好好睡覺。

兼顧睡眠品質與擠奶

　　每四小時擠奶一次，半夜設訂鬧鐘起來擠？這是臨床上最常見的困

擾，媽媽整天盯著時鐘看，晚上也沒能好好休息，以至於身體很難達到穩定並舒適的狀態，反而容易促使乳腺阻塞或是奶量下降。

再提醒一次，如果在母嬰分離的情況下，想要建立奶量，建議的擠奶原則為一天擠奶七至十次，總計每次擠奶的時間雙邊乳房加起來不超過三十分鐘，白天四小時內擠一次奶，晚上六小時內擠一次奶。

- 增加泌乳量的擠奶模式：假設一天擠八次奶，建議晚上保留六小時的睡眠時間，白天約二至三小時就擠一次，以此頻率讓乳房經常受到刺激，泌乳量就會隨之增加。
- 維持泌乳量的擠奶模式：如果泌乳量已經很穩定，擠奶也很順手，可以漸漸將擠奶融入生活。有些媽媽奶量穩定後會將擠奶頻率調整為一天四至六次。以一天擠奶五次為例，可以將擠奶時段安排在早、午、晚餐前後，加上下午茶和宵夜，讓自己的生活維持基本規律，夜間也有充分的休息。

● 保持彈性的擠奶模式

臨床上遇過堅持每五小時擠一次奶的媽媽，她覺得每次擠奶間隔一定要固定，錯過就會阻塞，因此非常嚴格執行。當時感到很驚訝，她怎麼能每天都過著不一樣的時間表，五天輪迴一次。但是固定的時間間隔並沒有讓她的乳腺暢通，反而因為作息紊亂缺乏休息，造成乳腺反覆阻塞。

所以最重要的是根據自己的生活方式，將擠奶安排在生活作息中，並保持彈性，隨時依照自己狀況調整。更重要的是請媽媽試著感受身體

增加泌乳量的擠奶模式

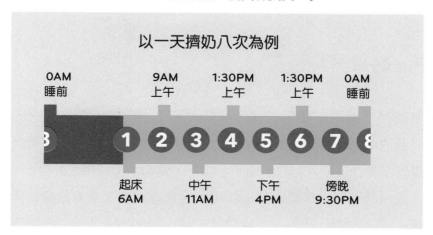

以一天擠奶八次為例

| 0AM 睡前 | 9AM 上午 | 1:30PM 上午 | 1:30PM 上午 | 0AM 睡前 |

8　①②③④⑤⑥⑦⑧

起床 6AM　中午 11AM　下午 4PM　傍晚 9:30PM

維持泌乳量的擠奶模式

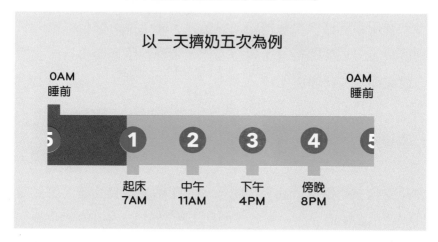

以一天擠奶五次為例

| 0AM 睡前 | | | | 0AM 睡前 |

5　①②③④⑤

起床 7AM　中午 11AM　下午 4PM　傍晚 8PM

▲請媽媽感受身體的訊號，依照自身狀況彈性調整

的訊號，當乳房刺痛脹麻時，先用手擠方式排出少許奶水，直到身體覺得舒服。提醒媽媽當接收到乳房發出的訊號時，切勿忍耐，也不要因為擠奶時間還沒到就憋奶，這樣是會出狀況的。

● 擠出的奶量與技巧有關

有的媽媽覺得如果每次擠奶沒有固定三十分鐘或擠到固定的奶量就容易造成阻塞。再次強調，擠出的奶量反應擠奶的技巧，溫柔對待乳房，讓催產素發揮最大功效才能事半功倍，讓奶水保持暢通好擠。

一般來說，每次擠奶約有 80% 的奶水會在前五至十分鐘被排出，如果奶量已經足夠哺餵寶寶，單次擠奶時間總計維持在十五至二十分鐘很合理。再多擠一些時間雖然可以再誘發一些催產素反射，但流出的奶水會比剛開始少很多，所以雙邊乳房加起來的擠奶時間不建議超過三十分鐘。

至於要用吸乳器或是手擠奶並無定論，完全依照每位媽媽的喜好與順手程度決定，只要記得溫柔對待乳房，若乳腺阻塞時，搭配手擠奶的方式，通常都能順利解決。

● 吸乳器的使用時機與方法

建議媽媽在手擠奶或哺乳順暢後，再開始使用吸乳器，因為吸乳器通常只能擠出順暢的奶水，寶寶吸吮或手擠奶較能移出阻塞的奶水。

吸乳器通常分為手動或電動，手動吸乳器靠自己調整擠壓的速度與力道，電動則是用按鈕或旋鈕調整。

請記得剛開始擠奶誘發奶陣時，使用快而淺的刺激模式，等到奶水開始流出，就可以換成慢而深的吸吮模式，奶水流出減少時，可以再換回刺激模式，就這樣刺激與吸吮模式交替使用。基本上就是模擬寶寶吸吮的模式，也是最省力不容易受傷的模式。

吸乳器的喇叭罩有不同尺寸，基本上比乳頭寬一至兩公釐即可，太大容易水腫，太小則容易過度摩擦。刺激與吸吮的力道都選擇擠得出來的最小力道就好，避免太強的力道造成乳暈水腫或受傷。使用吸乳器擠奶結束時，再花一、兩分鐘用手擠方式排出剩餘的奶水，順便確認乳暈柔軟沒有阻塞，就可以結束一次擠奶。

適當使用吸乳器，能夠讓擠奶變得省時省力，是擠奶媽媽很重要的工具，但若遇上擠奶不順，記得找出阻塞原因並找其他方式排除，不能只是一昧地將吸乳器的吸力越加越大，反而會受傷。

吸乳器的選擇與使用技巧

吸乳器的喇叭罩尺寸	比乳頭寬一至兩公釐即可。
誘發奶陣的擠奶順序	快而淺的刺激模式 ➡ 慢而深的吸吮模式 ➡ 快而淺的刺激模式。
刺激與吸吮力道	選擇擠得出乳汁的最小力道即可。
吸乳器吸乳後	花一至兩分鐘用手擠出剩餘的奶水。

關於吸乳器的清洗與消毒，所有與奶水接觸過的配件，如閥門、矽膠乳罩和集乳瓶等，每次使用後都要依照材質的標示，以小刷子與奶瓶洗劑輕輕刷洗乾淨並風乾。

如果時間上不允許立刻清洗，請將接觸過奶水的配件整組放入乾淨的袋子或盒子裡，直接放進冰箱冷藏於下次直接使用或是清洗後使用。依照目前美國食品藥物管理局（FDA）的建議，吸乳器配件無須消毒，可以在每次清洗後以熱水浸泡或沖洗；若使用蒸汽消毒鍋，一天消毒一次即可。當配件破損或失去彈性就請更換新品，以免減低吸乳效率。

　　總之，希望媽媽們瞭解人的身體是很有彈性的，只要習慣擠奶生活，擠奶也可以順利又愉快。希望媽媽在擠奶時，也能保持彈性，請溫柔對待乳房，找出適合自己的擠奶生活。

打造屬於自己的超級應援團

新手媽媽有兩種教不要信：一種是「比較」，另一種是「計較」。這裡借用「靜思語」鼓勵產後正在練習哺乳，以及還在磨合期的媽媽們。此刻只要專心關注自己身體的變化與寶寶的狀況，不要受到身邊閒言閒語的阻撓，或是因為一些挫折就停滯不前失去繼續磨合的信心。

新手媽媽有好多要學要習與練習的事情，不可能完全不聽別人的意見，所以「到底該聽誰的」就變成過程中的關鍵。泌乳顧問在這時期的評估與陪伴常是哺乳家庭的定心丸，因為在這段練習的過程中，能有專業的意見，更有情感上的支持。

◗ 預防「人言可畏式的奶水不足」

曾經有位媽媽在門診發牢騷，自己第一胎餵到兩歲半，因為懷第

二胎而自然離乳，心想第一胎已經餵了這麼久，孩子健康活潑，家人應該都很支持哺乳。沒想到第二胎出生後，還是遭到一連串的質疑，例如「寶寶有喝到奶嗎？」、「母奶夠營養嗎？要不要買配方奶？」、「寶寶一直在喝奶，該不會是媽媽奶水不夠吧？」

媽媽在門診說「他們看到老大是這麼健康的母乳寶寶後，為什麼還要質疑我的奶水？」、「人工製造的奶粉，難道比得上身體天然分泌的奶水？」、「已經每天在滴奶了，難道奶量還會不夠？」、「婆婆、媽媽都沒餵過母乳，完全幫不上忙就算了，還出一堆意見，真的很煩。」、「每天聽這些話，有奶都被氣到沒奶了！」

還好經由我們的鼓勵與支持，確認二寶的哺乳狀況良好後，很快就恢復信心，回家繼續享受哺乳生活。不過有太多媽媽迷失在這些質疑之中，被講一次可能還擋得住，若是一次又一次被質疑或自我懷疑，身邊又缺少肯定與正向的鼓勵，在一切混亂的磨合期中，無法持續下去也是非常合理的結局。

事先規劃，適當閃避

最佳的預防方法就是事先規劃，適當閃避。如果已經知道哪些親戚朋友會造成媽媽的身心負擔，建議能躲就躲，或是把話說開，例如「產後已經找好協助的專業人員，不勞煩大家，也請不要給我們太多意見，以免徒增衝突」。口氣要多委婉或多強硬，可以自己決定，但記得說明餵食嬰兒的責任主要在爸爸、媽媽身上，所有的選擇會由家長主導，並謝謝大家關心。

如果有些家人很想幫忙，不妨直接告知適合幫忙的事項或時間，例

如「請你帶一些蘋果過來，因為湯湯水水的餐點月子餐都有，不需要再準備了。」、「因為平日真的不太方便，週末再來幫忙一起陪孩子們玩，好嗎？」

找到專屬的神隊友

- 另一半：伴侶是最重要的支持團隊，當彼此之間有良好的溝通與互相支持，有助於順利並愉快地度過磨合期。
- 讓媽媽放心的親朋好友：例如自己的媽媽、姊姊、妹妹、同學或同事等，篩選標準很簡單，就是媽媽可以放心在這位親友身邊餵奶，不須閃躲或掩飾。若有令人放心的家人在身邊，媽媽通常也能更快度過適應期。
- 泌乳顧問：面對哺乳與育兒等大小事，新手爸爸、媽媽經常不確定怎麼做才適切，所以有泌乳顧問陪伴家長並釐清目前狀況，訂出可以執行的階段目標，持續支持與陪伴，就能一步步達成自己的理想哺乳生活。

家人支持更有力

　　泌乳顧問在這個階段還擔負一個重要任務，就是協助伴侶或家人一起支持媽媽與寶寶，幫助全家人分工合作，協調出彼此能配合的可行計畫。例如面對很想增加奶量卻又失去信心的媽媽，泌乳顧問除了評估媽媽與寶寶哺乳的情形，調整哺乳的狀況之外，也要找出媽媽身邊的加油站，讓媽媽在練習哺乳的生活中，能持續感受到支持與鼓勵，繼續堅持下去。反之，若身邊經常出現一些令人挫折、傷心的言語，也需要協助

隔離或矯正，以免抹煞媽媽好不容易培養出的自信心。

不只一次在門診提醒長輩，如果阿公阿嬤希望孫子孫女多喝到一些超級棒的母乳，就要一起鼓勵媽媽，一起幫她加油，不可以幫她漏油喔。媽媽越有自信，就會練習得越順利，寶貝就能喝到更多母乳。通常長輩會一邊不好意思的笑，一邊答應一起幫媽媽加油，因為他們可能這時才發現這些不經意的話語，原來會刺傷媽媽的心靈。

當然，希望長輩一朝一夕完全改變也是有困難的，通常透過我們持續的提醒與溝通，長輩會努力說好話或少說一些話，媽媽看到長輩的改變後，自己也會開始改變，學會關上耳朵，或是只聽好話，壞話讓它通過左耳到右耳之間的高速公路，不要上心。

當了父母，讓我們成為更好的人

我一直相信為人父母是讓我們再次成長的機會，照顧不會說話的新生兒，讓我們提升察顏觀色的功力；為了安撫最愛的寶貝，我們得耐住性子，一次又一次地猜出適合彼此的方式；希望搏得孩子的甜美笑容，我們放下身段，拾起童心，重複再重複地唱著孩子喜歡的兒歌。這些轉變並不容易，卻讓我們變得更有彈性，更有同理心，也更有耐心地陪著孩子成長，欣賞著孩子的改變。希望家長在欣賞鼓勵孩子之餘，別忘了也要欣賞鼓勵自己。

哺乳是養育嬰幼兒的重要一環，也是需要學習與磨合的過程，泌乳顧問就是在這個階段支持與陪伴哺乳家庭的重要角色。陪著產後爸媽度過最初的混亂期，看著媽媽們慢慢找到方式，享受哺乳育兒的生活，就

是我們泌乳顧問最開心的收穫。

　　所以再次提醒，如果在哺乳路上感到傷心、困難，或是充滿疑惑，想找人確認時，盡早與泌乳顧問聯絡，結果可能非常不一樣。

Chapter

3

···

不同階段的
哺乳狀況與處理

產後第一週：
母嬰狀況的觀察與評估

這一章會針對臨床上常見的狀況，提出可能的原因及建議的做法給大家參考。但請一定要注意，臨床上的變化很多，書中不可能涵蓋每一種可能，也很難顧及全部的解決方式，若是遇上無法自行排除的困擾，務必尋求泌乳顧問的評協助或是就醫檢查，才能針對個別的狀況得到最適切的建議。

適應不一樣的每一天

寶寶出生後便會本能地含上乳房，開始吸吮在孕期已分泌的少量初乳。產後約莫第二至三天，寶寶的吸吮狀況會漸入佳境，媽媽也進入泌乳第二期：乳房會脹脹熱熱的，泌乳量也顯著地增加。接下來，泌乳量將跟著寶寶的需求變化。透過吸吮，刺激泌乳素的分泌，而使奶量快速增加以滿足需求，即使哺餵雙胞胎也充足。

產後第一天

　　剛從生產過程中恢復的媽媽，正感受著身體及心理的變化，若能與寶寶多做肌膚接觸，不但有助於安撫寶寶，也能安定產後媽媽的身心狀況。新生寶寶首次含上乳房，通常會進入深沉的睡眠，甚至一整天都在睡覺，這是新生寶寶初期的正常現象。

產後第二至三天

　　媽媽的身體仍在恢復中，也還在適應與新生寶寶的相處並練習舒適的哺乳姿勢。有些媽媽已經感到乳房脹熱，泌乳量開始增加，也有些媽媽還沒有脹奶的感覺。

　　由於內分泌的影響，媽媽的情緒起伏較大，會變得敏感、易怒或容易感傷，上述都屬於正常現象。新生寶寶會有如大夢初醒，頻繁地吸吮乳房，若媽媽沒有心理準備，可能會覺得自己的奶水不足，但這只是兩天大的寶寶的正常行為表現。媽媽可能會感到乳頭痠痛不適，但通常不至於破皮流血。

產後第四至五天

　　如果媽媽的生產狀況良好，這時通常身體狀況已經略為恢復，一般生活，例如行走或如廁可以自理，抱寶寶或哺乳也較為上手。乳房會常常處在脹脹熱熱的狀況，寶寶吸吮後或是擠奶後會略軟，之後又脹起來，這表示媽媽的泌乳狀況良好。通常這時也會離開生產的醫療院所，回家或是進入產後護理之家繼續休養。

生產狀況良好，通常是指待產過程受到支持、待產時間適當、待產與分娩中的身心不適得到妥善解決、產後傷口（自然產或剖腹產）恢復良好，或無大出血及傷口發炎痛、身心疲憊、不堪負荷等感受。

產後第六至七天

仍在適應新生活的媽媽身體尚在復原中，寶寶也在適應新環境，正努力從胎兒轉變成嬰兒。整體來說，寶寶比前幾天穩定，但依照狀況不

✎ 新生寶寶的哺乳與排泄參考表 ✎

嬰兒的年紀	第一週							第二週	第三週
	Day 1	Day 2	Day 3	Day 4	Day 5	Day 6	Day 7		
哺乳次數（平均一天）	至少一天八次，每一到三小時一次。嬰兒的吸吮強，深而慢。								
寶寶的胃容量	龍眼大小			荔枝大小		桃子大小			
尿量與濕度（平均一天）	至少1片濕尿片。	至少2片濕尿片。	至少3片濕尿片。	至少4片濕尿片。	至少6片濕尿片。尿布非常濕，且尿液澄清或呈淡黃色。				
排便的次數和顏色（平均一天）	至少1至2片，黑色或墨綠色。		至少3片，墨綠色或黃色。		至少3次，大量軟便呈黃色。				

▲資料來源：國民健康署

同,可能面臨不同的挑戰:例如寶寶沒喝到足夠的奶水,排泄量不足,需要補充餵食;寶寶的黃疸指數過高,需要追蹤或照光治療;寶寶的吸吮狀況不佳,造成媽媽的乳頭疼痛流血;還有些媽媽的乳房脹痛不適,哺乳或擠奶都難以解除疼痛;媽媽的乳房仍未有腫脹感,泌乳量與產後初期比較並無變化。

● 寶寶需要補充奶水的情況

接下來依據媽媽與新生寶寶較常發生的狀況,提出說明與常見的解決方式。再次提醒,並沒有所謂的標準作法,所有建議都是盡量針對每個哺乳家庭當下的狀況提出,再由家長嘗試找出適合的做法。

新生兒低血糖

新生兒低血糖的高風險族群包括出生體重過重(大於四千公克)或過輕(小於二千五百公克);媽媽患有糖尿病或妊娠糖尿病;過期妊娠的寶寶(出生週數大於四十二週)等四類新生兒。另外,若產後嬰兒有呼吸窘迫或是敗血症等狀況,血糖也容易不穩定。新生兒血糖不穩定屬於醫療狀況,請讓新生兒接受必要的檢查與治療,也與團隊中的泌乳顧問討論如何維持泌乳或持續哺乳。

但是臨床上新生兒低血糖的出現機率其實很低,大多數健康足月的嬰兒,身上儲備了肝醣與脂肪,能度過產後頭幾天的適應期,維持自身血糖恆定,過度補充配方奶並無必要,反而干擾新生兒建立益生菌叢與腸胃發育的過程。

新生兒排泄量不足，體重下降過多

一般新生兒出生後，正常情況體重會下降約 7% 至 10%，之後再慢慢回升，大約在產後七到十天回到出生時的體重。產後若哺乳狀況不佳，嬰兒未喝到足夠的奶水，會導致體重下降過多，這是需要補充餵食的狀況之一。在體重下降之前，通常會先觀察到寶寶的排泄量不足，例如出現結晶尿、超過三天仍解出胎便等。

黃疸指數過高

一般新生兒產後第三天膽紅素開始升高，大約五到七天達到高峰期，之後慢慢下降，這稱為生理性黃疸，是新生兒產後胎兒紅血球需要轉換為成人紅血球的正常代謝過程。

若膽紅素過早升高、或是膽紅素數值過高、寶寶明顯有頭部血腫、紅血球過多等危險因子，可能造成病理性黃疸，需要積極追蹤治療。膽紅素主要經由腸胃道排出體外，若排便狀況不佳，腸道中的膽紅素會再次被吸收回血液中，稱為「腸肝循環」，讓膽紅素數值居高不下。

產後一般健康足月的新生兒若有喝到足夠的初乳會促進排便，加速膽紅素的排出；反之，若初乳進食狀況不良，又沒有適當補充餵食，就可能讓黃疸數值升高或居高不下。所以新生兒黃疸時，確認嬰兒是否喝到足夠奶水並適當補充餵食，是治療中非常重要的一環。

膽紅素數值過高時，會擔心引起核黃疸的併發症，主要會影響嬰兒腦部，留下聽力障礙或腦性麻痺等嚴重的後遺症，在嬰兒生理狀況不穩定時特別容易發生。臨床上並不存在引起核黃疸的絕對數值，所以會參考一般嬰兒膽紅素值的變化，找出較高風險族群，給予照光治療以降低

膽紅素值。臨床上大多用經皮檢測膽紅素值（transcutaneous bilirubin，TcB），如果檢驗數值過高需要照光治療，通常會加上血液檢驗，確認實際膽紅素值。

　　若團隊中有泌乳顧問，當發生以上三種狀況需要補充餵食時，就是他們出現的時機。泌乳顧問能夠實際評估哺乳狀況，例如奶水是否有效排出、泌乳與乳房情況、寶寶口腔與整體狀況等，提出適切的哺乳方式。經過評估後，認為需要補充奶水時，可以注意下列事項：

• 首選為媽媽當餐擠出的奶水，次之為母乳庫的奶水，最後才考慮母乳代用品（嬰兒配方奶）。

• 一般建議在哺乳尚未穩定前避免奶瓶餵食，由於補充餵食的量通常不多，可以考慮使用杯餵、湯匙、針筒或滴管補充餵食，度過頭幾天泌乳量尚未提升的過渡期。在哺乳時，利用哺乳輔助器補充餵食也是可以考慮的方法，但應該有泌乳顧問指導使用，並持續追蹤使用狀況。如果要使用奶瓶餵食，請注意嬰兒的哺乳狀況，若發現原本親餵狀況良好，在奶瓶介入後明顯變糟，寶寶不願意含乳或是含乳姿勢錯誤等，就會建議減少或暫停奶瓶餵食。

• 盡量維持頻繁哺乳，少量多次的補充。主要依照媽媽的身心狀況決定親餵次數，如果媽媽的身體狀況不佳，就不要勉強增加親餵或擠奶的頻率。若媽媽希望並可以持續親餵，建議依照寶寶的需求頻繁地親餵，一天約八至十二次，親餵之後再補充少量的奶水。通常第一週的建議補充量為每次十五至二十毫升，滿月內為每次三十毫升，當然數字都只是參考，重點是持續追蹤哺乳與泌乳狀況，確定嬰兒的排泄量與體重增加狀況良好，並適當減少補充奶量，以免過多的補充反而讓泌乳量難以提升。

● 乳房腫脹的排解方式

　　一般媽媽在產後兩、三天左右會進入泌乳第二期，這是由內分泌控制，不論媽媽是否想哺乳或寶寶是否吸吮乳房，乳房都會變得脹脹沉沉熱熱的，泌乳量明顯增加。這是很自然的泌乳期乳房變化。

　　接著進入泌乳第三期，也就是供需原理，奶水移出越多，分泌越多。若媽媽產後就開始哺乳，練習兩、三天後哺乳已經漸漸上手，泌乳量隨著寶寶的食欲增加，寶寶吸吮乳房的同時解決媽媽的脹奶不適，泌乳量也會跟著寶寶的需求增加。

　　有些媽媽的泌乳量很大，寶寶吸吮乳房之餘仍感覺脹痛，或是產後都沒有哺乳或擠奶，脹奶時才驚覺乳房不舒服，開始擠奶或餵奶，卻發現乳房乳量過於腫脹不容易擠出奶水。突如其來的乳房腫脹讓人措手不及，媽媽常用「石頭奶」形容自己腫脹又疼痛的乳房，也有很多人抱怨脹奶地痛比生產還痛，這是臨床上產後媽媽常見的困擾。

　　若不希望發生石頭奶，最重要的就是預防，從產後就開始頻繁且正確的哺乳或擠奶，在泌乳第二期之前就讓乳腺有機會暢通。當奶量增加時，順應身體的訊號，感覺脹奶就餵奶或擠奶，只要度過頭幾天的不適應，通常就會找出自己身體的節奏，找到適合自己的哺乳或擠奶模式。

　　如果不幸已經發生石頭奶，記得最重要的是先讓媽媽的身心放鬆，促進催產素反射，好使奶水順利流出。此時最忌諱大力地推擠乳房或暴力擠奶，因為疼痛會抑制催產素反射，對解決腫脹並無益處。以下幾種方法，有助於舒緩乳房腫脹，順利排出奶水。

治療性乳房按摩

治療性乳房按摩（therapeutic breast massage）的目的是讓淋巴回流，所以按摩的方向是從乳頭往腋下，手法穩定但輕柔。可以加上輕壓腋下，讓淋巴液順利回流。

豐滿的媽媽可以將乳房捧起來，讓乳房與胸壁之間出現空隙，也有助於淋巴回流，消除腫脹。乳房略為消腫後，可以加上手擠奶，慢慢移出奶水，兩者交替使用，度過腫脹期。

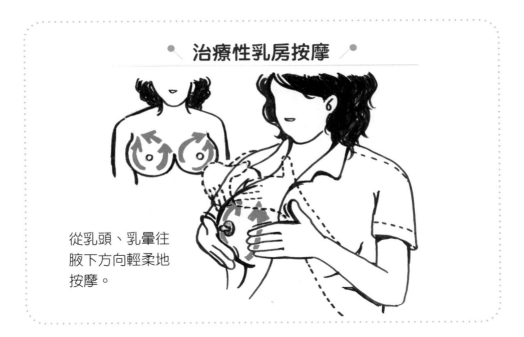

治療性乳房按摩

從乳頭、乳暈往腋下方向輕柔地按摩。

反向按壓

乳房腫脹時，通常乳頭、乳暈也很腫脹，這時要擠奶或餵奶會更困難。利用反向按壓（reverse pressure softening）減少乳暈水腫，會讓奶水

移出更順利，減緩脹奶症狀。

　　將五隻手指立著環繞乳頭，往胸壁的方向穩定按壓，至少持續一分鐘再放開；或是用兩隻手的中指、食指與無名指，立著放在乳暈兩邊（左右或上下均可），一樣往胸壁的方向穩定按壓，至少持續一分鐘再放開。

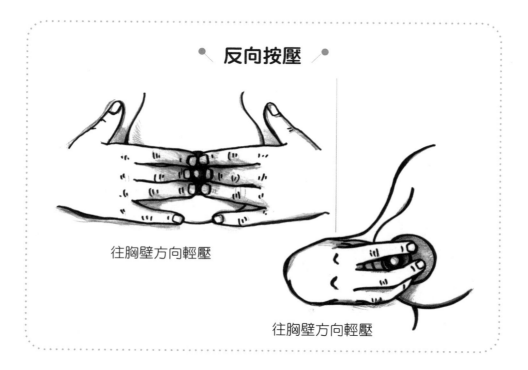

反向按壓

往胸壁方向輕壓

往胸壁方向輕壓

手擠奶

　　利用手擠出奶水，一般建議把拇指與食指放在乳暈邊緣約一公分處，兩隻手指對面中點是乳頭，虎口不貼住乳房，兩隻手指相對擠出奶水，剩下三隻手指支托住乳房。每個媽媽的乳房形狀都不同，建議產後

媽媽練習手擠奶時，找出最好擠奶的位置與方式。

手擠奶的重點在於誘發催產素反射，讓奶水經過擠壓自然流出，一般來說不會疼痛。產後初期有些媽媽會覺得擠奶造成疼痛，大多與乳腺尚未暢通或過於腫脹有關，要請媽媽耐心地練習觀察自己的身體，用不同角度擠出不同部位的奶水。

▲錯誤的手擠奶示範：請溫柔對待乳房，千萬不要用力擠壓！

手擠奶的過程中搭配振動或甩動乳房，也會讓奶水流出更為順利。媽媽也要記得感受乳房的狀況，只要覺得脹奶或乳房刺痛就要擠奶，不要傻傻地等四小時才擠一次奶。

掃描右方條碼，參考媽媽寶寶 MOM TV《哺乳媽咪手擠奶‧引奶陣教學》影片。影片連結為：https://www.youtube.com/watch?v=WYKICItCVb8

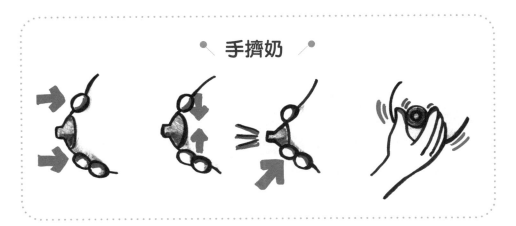

手擠奶

在初期不容易擠出奶水時，爸爸依上述方式幫忙手擠奶也是很棒的方法，媽媽可以坐著或躺著，讓爸爸幫忙手擠奶，但不要讓媽媽感到疼痛。

背部按摩簡易手法

過於嚴重的生理腫脹期，通常也反映出媽媽產後的身心壓力無處抒發。如果是與懷孕生產有關的身體不適，例如生產傷口疼痛、痔瘡未癒或腰痠背痛等，建議要請醫療專業人員協助診治。

泌乳顧問可以根據媽媽與寶寶的狀況給予適合的建議，例如協助傷口或痔瘡疼痛的媽媽找到最舒服的哺乳及擠奶姿勢，暫時利用前面提過的三種手法舒緩乳房脹痛後，傳授媽媽與家人維持乳房舒適的方式，並於兩、三天後再次評估，依據各種狀況給予適切的建議及協助。

這時溫柔對待媽媽是很重要的，接受媽媽的情緒變化，在她身邊陪伴，就是最重要的心理支持。不少爸爸會抱怨，「我說什麼都不對，到底要我怎麼辦？」所以我們會指導老公幫老婆做背部按摩，舒緩一下身體與心理的緊張，對舒緩乳房腫脹的效果很好。

剛開始做泌乳顧問時，聽老師們分享幫媽媽按摩背部後，奶水就自然流出，覺得很神奇，有機會很想試試看。後來在教某位男士幫他太太按摩時，請他順便說一些貼心的話，「老婆辛苦了，今天還好嗎？」、「老婆這樣按摩舒服嗎？」沒想到，這位媽媽不是流出奶水，而是流下淚水。不過也由於情緒得以抒發，壓力緩解後，乳房腫脹情形也改善很

多，所以請不要小看背部按摩的效果！真心想幫老婆解決腫脹狀況的老公，不要只想著擠奶，記得先讓老婆放鬆心情，奶水才會順暢。不然就算擠到黑青，可能還是擠不出來！

背部按摩簡易手法

- 沿著脊椎兩側，用大拇指點狀旋轉按摩脊椎旁的肌肉。
- 一點按摩五至十下，再慢慢往下移動，按摩範圍從頸部到背部中央位置。
- 用大拇指沿著肩胛骨慢慢往外滑動，舒緩背部的肌肉。
- 搓熱手掌，放在媽媽的背上，上下來回撫觸，讓媽媽透過手掌感受伴侶的溫暖與支持。

冷敷和溫敷的時機

「冷敷舒緩乳房脹痛，溫敷促進奶水流出。」記得這個簡單的原則，就不會搞錯冷敷或溫敷的時機。

一般來說，哺乳或擠奶前可以溫敷數分鐘，通常不會超過十五至二十分鐘，促進一下血液循環，有助於奶水流出。如果乳房已經非常腫脹，或是奶水很順暢，就不一定需要溫敷。

溫敷後記得要接著透過哺乳或擠奶移出奶水，千萬不要溫敷或熱敷太久，以免乳房太腫脹。

哺乳或擠奶後的空檔請冷敷乳房，或是把高麗菜葉敷在乳房上，都是緩解疼痛的方式。只要媽媽感覺疼痛就可以持續敷著，直到覺得舒服為止。如果冷敷太久，餵奶或擠奶前可以讓乳房回溫，例如用手撫摸一下乳房，或是利用裝溫水的玻璃奶瓶輕輕在乳房上滾動，都是促進奶水流出的方法。

● 認識哺乳初期的乳頭疼痛

開始練習哺乳時，媽媽初期最需要適應乳頭疼痛，有時甚至合併乳頭破皮或受傷，但也因人而異。有的媽媽完全無感不覺得疼痛，也有超級敏感怕痛的媽媽。所以每位媽媽練習哺乳的過程可能不同，建議依照自己能承受的程度慢慢改善。

一般來說，合理的乳頭痠痛較容易發生在產後初期練習哺乳時，寶寶剛含上乳房的前三至五口會讓媽媽的乳頭感到很疼痛，但過了前幾口，寶寶開始規律地吸吮與吞嚥時，疼痛感會逐漸消失。這種疼痛感不至於讓媽媽畏懼哺乳，平時沒有哺乳也不會感到疼痛。

大部分的乳頭痠痛與寶寶的含乳姿勢不良有關，通常經過泌乳顧問

的評估與協助調整哺乳姿勢後，疼痛感就會下降。若寶寶的含乳姿勢良好且乳頭亦無傷口，這種暫時性的乳頭疼痛通常會逐漸減少，且在二至四週內慢慢消失。

如果乳頭有明顯破皮與傷口，務必請泌乳顧問評估協助並多風乾乳頭，讓傷口有機會癒合。建議在傷口塗上母乳，利用母乳中的各種活性因子促進傷口復原。傷口癒合大約需要兩、三天，超過一週未癒的傷口應該要請醫師診治，排除感染的可能性。

風乾乳頭時，盡量不穿胸罩，也避免乳頭摩擦衣物造成疼痛。非穿胸罩不可的狀況，可以在胸罩內加上乳房罩、小杯子或乾淨的襪子做成墊圈，減少乳頭與胸罩的摩擦。

乳頭出現小白點或擠出滲血的草莓奶怎麼辦？

乳頭上出現小白點是因為乳腺末端的出口阻塞，通常是奶水移出不夠頻繁，請媽媽透過以下方式處理，切勿自行拿針戳破，若自救二十四小時後無效，便請就醫。

步驟一：以食用油（例如橄欖油）或食鹽水浸泡數十秒到數分鐘。

步驟二：用紗布或紗布巾輕搓水泡，此步驟在於去除乳頭上的角質，不要太用力。

步驟三：持續哺乳或擠奶，通常小白點會就消失。

當媽媽擠出粉紅色的奶水，大多是因為乳頭受傷所致。擠出含有血液的奶水時，需當餐讓寶寶喝掉，不宜保存，若寶寶喝不完可用來洗母奶浴。

● 心情上的不適應

媽媽產後情緒起伏大是很正常的狀況，其實有些爸爸產後也有情緒起伏的情形。面對媽媽產後身體或心理的變化、迎接新生兒的開心與擔心、工作與生活的改變、需要快速地做出許多決定、面對家庭的衝突、學習新事物，都大量消耗新生兒爸媽的心力。

若與事前預期的不一樣或是身邊支持不足，家長的精神、體力可能很快就耗盡，面對再可愛的小嬰兒都無法感受到愉快的心情，更別說嬰兒一哭就讓家長心煩意亂，一心只想要逃離現場，也是可以理解的。

此時最重要的是支持與陪伴，夫妻之間互相支持合作，一起度過磨合期很重要，請保持良好的溝通，即使再忙每天都要留時間說說話，抒發一下整天的大小事與心情變化，也要多多運用過去的默契與感情互相安慰取暖。

建議產前就找好可以安心依靠的親戚朋友或泌乳顧問，可能是自己的長輩、親戚、閨蜜、同學、朋友或哺乳夥伴，產後保持聯絡，大小事都可以討論分享，讓夫妻得到支持與安慰，慢慢地放下心中的擔憂，找出適合自己的哺乳育兒方式。

我認為跟媽媽說「坐月子不能哭」、「坐月子流淚對眼睛不好」這種話是很不實際的，產後有各式各樣的情緒都很正常，迎接新生兒固然欣喜，但也伴隨照護上的擔憂，面對自己身材的變化，工作生活的調適，甚至健康狀況需要治療等而感到傷心難過，不論落淚或生氣都是可以理解的。

一昧的壓抑情緒並不健康，還不如在安心的環境下適當地抒發情緒，大部分的人就能自我療癒，慢慢找到自己的方向，也更有能量繼續

育兒生活。若真的感覺過度悲傷或有自傷傷人的念頭時，盡快尋求專業協助也很重要。

　　所以不如跟產後的媽媽說，「你辛苦了，我在這裡陪你」、「你感覺怎麼樣呢？有想說的話我都可以聽」，會比不准媽媽掉眼淚更為實際。也請產後的媽媽多關照自己的心情，開心或不開心的事情都找人分享，心情感覺很差時，請給自己抒發情緒的時間與空間，找好可以依靠訴說的對象，以及適合放鬆方式，度過心情大起大落的產後初期，一切都會越來越好。

產後第二至四週：
月子媽媽如何兼顧哺乳

產後前三個月稱為「第四孕期」，這段時間是新生寶寶從胎兒轉變為嬰兒的過程，也是媽媽從懷孕到產後，逐漸恢復日常的時期。寶寶出生第二至四週的轉變最大，每週都有不一樣的變化，需要家人的理解與接納。若已被寶寶日夜不分的作息驚擾，可預先翻至第四章〈建立寶寶的生活作息與睡眠型態〉，或許有助於家長認識新生兒，建立屬於你們自己的生活型態。

好在華人普遍有坐月子的習慣，有助於媽媽產後休養，以及練習照顧寶寶的技巧，所以接下來要提醒媽媽們，如何坐好月子又能兼顧哺乳。

選擇適合自己的月子方式

坐月子是華人社會特有的文化，住在全球各地的華人幾乎都保有產後休養一個月的習慣，很多家長會討論如何坐月子、在哪裡坐月子、坐

月子的飲食內容等，當然熟悉照顧新生兒與哺乳大小事也是產後第一個月的重點工作。

坐月子的首要目標是讓媽媽免去日常勞動，專心休養身體與心理狀況，也利用這段時間練習各種育兒事務，從食衣住行開始與寶寶相處，逐漸習慣當媽媽的生活。

有些家庭的適應狀況良好，不到一個月就能恢復日常生活；也有些母嬰的生產或健康情況較為複雜，需要更長的恢復時間。所以一個月的休養並非規定，比較像是一個平均時間，隨著每個生產或家庭的狀況會有變化或調整。

至於坐月子的方式也因人而異，現在常見的坐月子方式有產後護理之家、僱用月嫂到府服務、請長輩協助照顧、由先生陪伴、訂月子餐等，媽媽可在產前根據經費、人手、在地資源、自身狀況及親友經驗去評估自身需求。以下提供兩個兼顧哺乳和坐月子的方式：

- **選擇有國際認證泌乳顧問合作的產後護理之家，在產後初期就能接受高品質的泌乳專業照護。**

  基本上，臺灣的產後護理之家都需要通過衛生局督導與定期評鑑，母嬰照護的品質以及居住的安全性很有保障，但泌乳相關照護部分仍然參差不齊。有些機構有不只一位國際認證泌乳顧問（IBCLC）協助媽媽與寶寶哺乳及擠奶，有些機構則仍以通乳為主要照護模式，不一定能依照媽媽與寶寶的需求提供協助，這部分要請新手爸媽產前仔細挑選。

- **請國際認證泌乳顧問到府服務，協助媽媽在家中找出最舒服的哺乳及擠奶方式。**

  在家坐月子的優點，一是住在自己熟悉的環境，二是減少與其他母嬰

暴露的機會，缺點就是凡事需要靠自己。對於哺乳媽媽及寶寶而言，無論是請長輩協助、僱用月嫂，或由先生幫產婦坐月子，只要協助的人有良好的哺乳觀念，願意支持哺乳媽媽，坐月子期間就會是很好的練習磨合期。

　　無論哪一種坐月子方式，若協助的人沒有良好的哺乳觀念，給予產婦不適切的建議，就會更難以達成自己哺乳、擠奶的目標。例如有的照顧者為了讓產婦較為輕鬆，建議擠出奶水瓶餵，可能造成日後寶寶不肯吸吮媽媽的乳房，讓坐完月子後無人協助的媽媽更難以維持擠奶，或遇上乳腺阻塞發炎等問題。

　　月子中若能練好「邊哺乳邊吃飯，邊哺乳邊睡覺」的技能，表示媽媽已經順利將哺乳融入生活中。無論吃飯、睡覺，甚至工作時，只要寶寶餓了，都能舒服地哺餵母乳，同時做自己的事。

　　臨床上有些媽媽把哺乳當成專案在做，餵奶時專心看著孩子，連打瞌睡都不敢，仔細記錄每次喝奶的時間或擠奶的量，把哺乳這件事弄得很累，反而難以持續下去。不如學習其他哺乳動物，如貓、狗、老鼠、老虎、猩猩、猴子等，舒服的躺著餵奶，寶寶喝奶，媽媽睡覺或吃飯，日子才能過得開心。

　　請媽媽不要太心急，哺乳狀況穩定後，通常經過二至四週的磨合期，就能建立起母嬰之間的默契，找出適合自己與寶寶的步調及節奏，不要為了哺乳而生活，而是在生活中哺乳，這樣才能持續下去。

產後調理的選擇

	入住政府立案照護機構	居家坐月子
優點	• 基本生活照護及專業照護服務。 • 專業的照護服務，包含產婦傷口護理、嬰兒臍帶護理、母乳哺育指導。 • 專業照顧人員，包含嬰兒照顧人員及護士、護理師。 • 產婦可專心休養與放心練習照顧寶寶。 • 二十四小時服務。	• 回到自己熟悉的環境，較有隱私。 • 餐點可依照自己的喜好調配。 • 減少母嬰暴露在病原體的機會。 • 可同時看顧到家中的其他孩子。 • 爸爸不用在住家與月子中心兩邊跑。
缺點	• 費用較高。 • 餐點口味的調整空間有限。 • 離開護理機構後，需要重新適應有寶寶的居家生活。 • 爸爸需要在住家與月子中心兩邊跑。	• 所有的家務、育兒、飲食等需要自己處理，或是與家人溝通協調。 • 產婦較無法專心休息。 • 缺乏泌乳專業照護。
建議	• 選擇有與國際認證泌乳顧問合作的產後護理之家，在產後初期就能接受高品質的泌乳專業照護。	• 請國際認證泌乳顧問到府服務。 • 請月嫂到府服務，協助基本生活照顧，如幫嬰兒洗澡、準備餐點等。 • 宅配月子餐。

產後護理之家與坐月子中心的差異

	產後護理之家	坐月子中心
立案名稱	• 例如：XX 產後護理之家、XX 醫院附設產後護理之家等。	• 名稱不定，例如：XX 坐月子中心、XX 月子會館、XX 月子坊等。
提供服務	• 專業護理照護服務及生活照護服務。	• 日常生活照護服務。 • 大部分雇用保母或家事服務員。 • 提供母嬰的基本生活照顧，但無專業護理照護服務。
契約保障	• 產後護理機構及坐月子中心定型化契約範 本。	
人員資格	• 護理人員及嬰兒照護人員，需符合護理人員法規範。	• 無法定規範保母或家事人員。
品質控管	• 每年地方督導考核加上每四年中央評鑑。 • 無預警稽核。	• 部分地方政府清查或聯合稽查。
收費	• 不得超過各地方政府規定收費標準。 • 須提供收據（含護理費及日常生活服務費用）。	• 原則不超過產後護理之家收費標準。
環境、餐飲	• 由食品安全衛生管理法與地方政府消防建管規範。	• 無法定規範。

▲資料參考：衛福部產後護理之家懶人包

▲合法立案的產後護理之家，可至衛生福利部的「醫事查詢系統」查找：
https://ma.mohw.gov.tw/masearch/

● 母奶寶寶的觀察及照顧重點

這段時期的哺乳媽媽最常提出的問題是「寶寶一、兩小時前才喝過，現在又討奶，是不是奶水不夠？」、「寶寶每次都吸到睡著，到底有沒有喝飽？要不要擠出來看喝了多少？」，總是擔心寶寶沒喝飽，擔心自己奶水不夠。

如果寶寶想吃，媽媽就餵奶，寶寶一整天尿尿和便便都很多，通常就表示寶寶有喝到足夠的奶水，不用擔心寶寶餓到。反之，若寶寶的尿尿便便量不足，或是媽媽餵完奶後，乳房完全沒有變鬆軟，寶寶一整天都在吸奶卻仍不滿足，這時就該盡速聯絡你的泌乳顧問，請她評估一下你們的哺乳狀況。

這段磨合期非常考驗家長的個性與身邊的支持度，養到吃貨寶寶的會懷疑自己一直頻繁哺乳是否正常，養到睡美人寶寶的則會懷疑寶寶一直睡覺，真的有喝到奶嗎？

如果這時身邊有人提醒媽媽，「寶寶的排泄狀況都很正常，有喝奶才有尿尿便便喔！」、「媽媽妳餵得很好，他也喝得很好，繼續觀察尿尿便便，不用太擔心」，媽媽就會有信心撐過這段磨合期。反之，哺乳狀況良好的媽媽和寶寶被身邊人持續批評到信心全失的故事也時有所聞。所以再次強調，磨合期的媽媽和寶寶非常需要支持與信心，請全家人一起幫忙。

體重增加不理想的常見原因與改善方式

一般來說，新生兒出生後體重會自然減輕，大約比出生時的體重下

降 7% 至 10%，之後止跌回升，通常會在產後第七至十天回到出生時的體重，最晚也應該在產後第十四天回到出生時體重。如果體重下降幅度太多，或是回升速度太慢，都會讓醫療人員或泌乳顧問認為需要介入。

介入的第一步並不是立刻添加配方奶，而是仔細評估媽媽和寶寶的生產哺乳史、母嬰健康狀況、目前哺乳及擠奶狀況、嬰兒排泄狀況等，找出體重增加不理想的原因。

哺乳次數不足，奶水轉移不良

這是最常見的原因之一，例如含乳姿勢不良，哺乳時的疼痛影響了奶水流出的狀況；媽媽的乳腺阻塞發炎，奶水流出不順暢等。若是媽媽的泌乳狀況良好，寶寶吸吮也沒問題，在修正哺乳姿勢與依照寶寶需求餵食後，兩、三天內狀況便會明顯地改善。修正哺乳的狀況後，需持續觀察寶寶的排泄情形及體重變化，並與泌乳顧問保持密切聯絡直到寶寶體重回到正常範圍。

媽媽的泌乳量不如預期

如果媽媽的泌乳量暫時不如預期，的確可能需要添加配方奶，以維持寶寶理想的生長。這時如何添加配方奶就

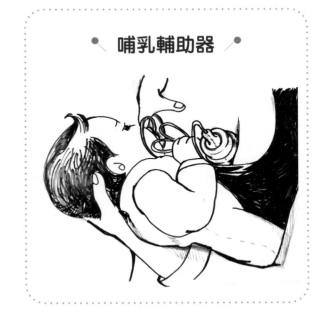

哺乳輔助器

是關鍵，如果寶寶可以吸吮，媽媽也願意親餵，可以考慮使用哺乳輔助器，在寶寶親餵的同時，用嬰兒鼻胃管放在乳房上，讓寶寶吸吮乳房的同時，也喝到管子裡的配方奶。盡量少量多次的補充，維持頻繁吸吮乳房，能有效增加泌乳量（哺乳輔助器的使用說明，請見第 228 頁）。

寶寶含乳困難

如果媽媽的泌乳狀況很好，但寶寶含乳有困難，要盡量找出可能的原因，例如媽媽的乳頭及乳暈延展度不佳、媽媽的乳頭及乳暈受傷、寶寶的舌繫帶過緊或寶寶的口腔運動協調不佳等。找出原因後，針對個別狀況修正調整，例如持續哺乳並添加配方奶、暫時請媽媽擠出奶水瓶餵，或是利用哺乳輔助器補充擠出的母乳等，建議與泌乳顧問討論後嘗試並追蹤。這種狀況並不常見，但會讓想哺乳的家長感到很挫折，這時給予他們支持與找出可能原因，擬定改善計畫並持續追蹤就很重要。

寶寶排便頻繁

另外一種狀況是寶寶含乳正常，但是腸胃消化吸收狀況尚未成熟，典型症狀是喝得多但排便次數也很多，有可能合併尿布疹，嚴重時可能排出血絲便或黏液便，體重增加也可能受到影響。

「嬰兒過敏性腸炎」是最可能的原因，這種情形很容易被家長或醫療人員解讀為母乳造成腹瀉，所以要停餵母乳，改喝配方奶。但腸胃炎時最適合嬰兒的飲食就是母乳，所以這個時間點停餵母乳也很不合理。

該怎麼解決嬰兒的腹瀉狀況呢？

別忘了新生兒正在適應新環境，腸胃也正在成熟的過程，母乳中的生長因子與抗發炎因子對寶寶很重要，所以要想辦法讓嬰兒繼續喝到母乳，但減少母乳對嬰兒造成的不適應。

建議媽媽記錄一下自己的飲食內容，如果寶寶開始腹瀉前二十四至四十八小時內，曾經吃到之前沒吃過的食材或是大量接觸某種食材，就有可能是這種食材造成寶寶腹瀉。引起寶寶腹瀉的食材，常見的有牛奶、蛋白、帶殼海鮮與堅果，其他像是豆類、巧克力或柑橘類也常被提到。

若找出懷疑的食材後，請家長短時間不要再吃這些食材，例如懷疑對牛奶不適應，就請家長暫停奶製品，包括鮮奶、乳酪或優酪乳等，如果寶寶在七十二至九十六小時內改善，大概就找到原因了。之後若想再嘗試牛奶，建議等二至四週之後再試。

提醒家長，引起腹瀉的食材因人而異，無須戒慎恐懼，什麼都不敢吃。臨床上遇過媽媽只要吃到一點點蛋，寶寶就出現血絲便，的確會讓家長和醫護人員都很擔心。這位嬰兒做完全部的檢查都是正常的，所以與媽媽仔細討論她的飲食內容，發現可能是蛋引起的。果然在媽媽持續哺乳並停止吃蛋後，寶寶的血絲便不藥而癒，之後媽媽在寶寶滿一歲後才讓他接觸蛋，孩子也很適應，並沒有過敏的反應。

所以小時候過敏並不一定會永遠過敏，有可能在孩子長大後，免疫系統成熟後就會改善。這位媽媽後來生了二寶，我也很好奇她哺餵二寶的狀況，結果二寶完全沒有出現血絲便或其他過敏反應，媽媽的飲食也都不需要特別限制，所以每個寶寶的體質都不一樣，真的很難比較與預測。

有些寶寶是一下子接受太大量的乳糖，無法消化吸收，所以大便

次數多，有時也會合併尿布疹。這種媽媽的特色是奶量很多，經常在脹奶，寶寶喝飽後乳房仍感覺飽脹。這時除了請母親避開過敏食材外，會利用生物哺育法或躺餵等奶速較慢的姿勢，讓寶寶不會一下喝到太多奶水；也可以在哺乳前先擠出少許奶水，在乳房較柔軟時再餵奶，避免寶寶喝到含有太多乳糖的前奶；或是採取依照寶寶需求利用區段哺乳（block feeding），白天三小時內只餵同一邊乳房，晚上則不需刻意限制。通常兩、三天後，排便狀況就會改善，不需使用無乳糖配方作為治療。

所以排便頻繁的寶寶會建議先調整母親的飲食與哺乳方式，觀察兩至三天後通常會改善，無需停止母乳改餵配方奶。如果調整母親飲食與哺乳方式兩、三天後仍未改善，表示為較嚴重的腸胃疾患，建議找新生兒科或小兒腸胃科醫師診治，對症下藥，並可能使用特殊配方治療及持續追蹤。

認識母乳性黃疸

有些寶寶的黃疸持續很久，超過兩週皮膚仍然很黃，這稱為「延長性黃疸」。由於極少數延長性黃疸的寶寶可能有嚴重的肝膽疾病，所以醫護人員或泌乳顧問通常會持續關心膽紅素數值，若膽紅素數值居高不下，就需要進一步的檢查。

觀察寶寶大便的顏色

在寶寶發生延長性黃疸時，第一件事就是要觀察嬰兒大便顏色，並且與兒童健康手冊上的大便卡比對，確認嬰兒大便顏色是正常或是異

常。若出現灰白色的大便，這是肝膽疾病的症狀，請務必盡快找小兒肝膽腸胃科醫師安排進一步的檢查。若大便顏色是正常的黃色或綠色，就不像是典型的肝膽疾病，繼續觀察膽紅素值是否下降即可。

觀察寶寶的生長曲線

寶寶的生長狀況也很重要，通常肝膽疾病的孩子生長會受到影響，體重增加可能較慢且不良。所以延長性黃疸並合併生長不良的寶寶需要特別關注，仔細檢查找出原因並持續追蹤。

如果寶寶滿月時，黃疸仍然明顯，醫師會安排抽血檢查，確認血中膽紅素數值與比例。要是抽血結果懷疑有肝膽疾病，就會安排進一步檢查。若抽血結果只是單純的母乳性黃疸，那就不用太擔心，可以繼續哺乳，等膽紅素慢慢下降即可。

母乳性黃疸的成因目前尚不清楚，主要與寶寶體質與遺傳有關，有些研究發現帶有某些基因的嬰兒出現母乳性黃疸的比例較高，但均為良性的代謝過程，並不影響嬰兒的生長或發育。若確認寶寶的黃疸成因為母乳性黃疸，也就是體質引起的，建議家長無須停止哺乳，持續哺乳加上追蹤寶寶生長與黃疸情形，最符合嬰兒的健康需求。

若不方便抽血檢查，有時會以停餵母乳作為診斷方式，暫停哺乳改餵配方奶兩天後，如果黃疸明顯下降，就可以恢復哺乳。但請記得停餵母乳只是診斷方式，醫護人員或泌乳顧問應向家長解釋其中原理，並不是母乳不好需要停餵。不然有些家長聽到是因為母乳引起黃疸，又聽到停止母乳的建議，就會自動解讀為必須停止母乳餵食，這對嬰兒或母親來說都很可惜。

如前面提到的新生兒出生後膽紅素升高是自然生理過程，母乳性黃疸的寶寶只是膽紅素下降較緩慢的族群，是健康且正常的寶寶，其實不需要因為治療膽紅素數值而停止哺乳。重點是如何從延長性黃疸的寶寶中，盡早找出那些少數的肝膽疾病孩子，讓生病的孩子及時接受檢查治療，而健康的孩子放心繼續喝奶長大。

　　在檢驗方便的環境下，觀察大便顏色並適時抽血檢驗，比停止哺乳更能診斷出肝膽疾病，也更能支持哺乳家長。讓家長知道黃疸時間較長並非疾病，這是寶寶的體質，不需要怪罪母乳。

● 寶寶的特性與互動建議

　　基本上滿月內的寶寶吃吃睡睡很正常，或是邊吃邊睡也很常見，重點是我們一直強調的尿尿便便要夠，體重增加正常。如果寶寶出生體重較輕，週數較小，愛睡不愛吃的狀況會比較明顯，也會讓人擔心。

　　在寶寶體重增加還不穩定前，建議家長至少每三、四小時要把寶寶喚醒哺乳，哺乳時環境不要太熱，也不要包著包巾哺乳，以免太溫暖讓寶寶一直想睡覺。

　　通常過了產後前一至兩週，寶寶的活動量會逐漸增加，清醒的時間變長，討奶的次數也可能變多，似乎開始體認到「吃飯要靠自己了」。

　　剛出生的寶寶正在適應從胎兒轉變為嬰兒的過程，原先在子宮內透過胎盤及臍帶被動式地接收營養，但出生後必須主動依照自身需求進食，有人稱這是從有線到無線（wired to wireless）的過程。

　　這是練習觀察寶寶並且與寶寶磨合的好時機。如果寶寶屬於少量多

餐型，就很難要求他定時定量，所以只要寶寶的排泄與生長狀況良好，就尊重寶寶的食欲，依照需求哺乳。

有些寶寶接近滿月時變得愛哭鬧，特別是想睡覺前。每個寶寶的個性與喜好不同，哭鬧程度也不一樣。通常寶寶度過前面的適應期，就會慢慢出現自己鮮明的個性，例如變得愛哭、需要更多的安撫，或是互動的需求增加等。

這時期寶寶的生長跟發育很快速，體重一天可以增加十五至二十公克，視力從模糊到能看見輪廓，肢體的發展從只能轉頭、揮手，到可以撐起頭一下下。這表示寶寶長大了，除了吃和睡，開始要進入陪玩及安撫的階段。建議多跟寶寶說話，雖然他聽不懂每一個字句，但可以從語氣、表情與動作，感受大人的情緒是開心、生氣、平靜，或是激動等。提供以下幾個互動方式給大家參考，或許有助於安撫寶寶，也能與寶寶建立良好的關係

跟寶寶說話

有些大人覺得寶寶還聽不懂，不習慣自言自語，也不知道要說些什麼。不妨抱著寶寶開始認識環境，介紹客廳、房間、電視機、冷氣機、電冰箱等。也可以開始親子共讀，練習唸繪本、放音樂給寶寶聽，抱著寶寶輕晃跳舞等。

幫寶寶按摩

寶寶按摩是很容易入門的親子互動，只要有一些基本的觀念和動作，不限地點跟時間都可以操作。按摩時，觀察寶寶的表情，看他喜歡

哪些動作，有無露出滿意笑容。許多寶寶因為按摩後得到充分的放電，在媽媽懷裡舒服地喝奶、滿足地進入夢鄉。

先安撫情緒，再解決需求

當寶寶已經在哭鬧，按摩通常就沒效。這時需要救急的安撫方式，例如抱著走走、輕輕搖擺、發出白噪音等。當寶寶比較穩定後，試著找出他的需求，是肚子餓或尿布濕、覺得太冷太熱、睡不著需要哄睡、白天刺激太多，腦部正在適應、身體不舒服等。總之寶寶的情緒已經爆炸，試著先安撫情緒，再針對需求盡快解決。

隨著寶寶的成長，他們需要習慣表達自己的情緒與需求，爸媽也需要練習觀察與回應。寶寶還不會說話，哭鬧只是其中的一種表達方式，請先屏除「寶寶是故意惡整大人」的想法，持續觀察與互動，建立之間的默契是解決哭鬧的主要辦法。產後第一個月的磨合期，建議先安頓好自己，再慢慢與寶寶建立默契，寶寶的哭鬧也會隨之改善。

最後提醒家長們，每位媽媽與寶寶當下的狀況都不同，需要的恢復期以及與寶寶的磨合期也不一樣，唯一相同的是，在這個過程中都需要有人支持與陪伴，良好的支持資源與團隊，會讓哺育更容易上手。

寶寶一至六個月大：
哺乳育兒生活的建立與成形

當媽媽做完月子，生活逐步回歸日常，需要與寶寶建立屬於自己的哺乳育兒生活，例如建立基本的生活作息、利用身邊與社區的資源，讓自己逐漸適應新生活等。隨著寶寶的成長，後面的章節會針對哺乳家庭提出應變方式，希望有助於媽媽產後生活步入正軌。

● 適合自己的最好

每個家庭的背景、資源、觀念、支持系統，或是媽媽與寶寶的身心狀況都不同，自然會磨合出屬於自己的哺乳型態。例如有些媽媽與寶寶有醫療需求，必須服藥或回診，甚至需要手術；也有原先無法含乳，需要擠出母奶瓶餵的寶寶，後來願意吸吮乳房，漸漸由瓶餵轉親餵；也有一開始以純哺乳為主，之後因為媽媽回到職場，必須親餵與擠奶瓶餵並行等，為了因應媽媽的生活型態以及寶寶的吸吮狀況，發展出不同的哺

乳型態，所以世上沒有制式的作法。

　　我們都知道親餵最自然、最輕鬆，然而現實生活中有些媽媽無法做到全親餵，若要達成持續哺乳的目的，部分哺乳或擠出奶水瓶餵或許更適合這些家庭。哺乳的型態不在於能否親餵，或者是不是全母乳，而是綜合考量哺乳媽媽的目標、寶寶的狀況與身邊資源後取捨的結果。

　　曾經在諮詢時遇過非常希望親餵的媽媽，我們嘗試過幾種哺餵姿勢，也試著讓寶寶自主含乳，但都無法順利含上乳暈吸吮乳房，媽媽也因而覺得很沮喪。然而寶寶有先天性心臟病，可能要在六個月大左右以手術矯正，在此之前又必須讓寶寶的體重穩定成長。好在媽媽擠出的奶量超過寶寶的喝奶量，也能以瓶餵順順地喝奶。為了寶寶的心臟與成長狀況，不要花太多時間與精力練習親餵，以免過度消耗寶寶的能量，所以與媽媽討論後，建議平時多抱抱寶寶，若寶寶願意含乳就鼓勵他，不願意也沒關係。

　　協助的重點放在，幫媽媽確認擠奶的方式將奶量調整到供需平衡，安排合理的擠奶時間表，以及家人的育兒分工溝通等。雖然沒能實現親餵寶寶的目標，但媽媽擠奶很順利，寶寶持續用奶瓶喝到母乳，體重成長狀況良好，最後比原本預期的更早接受心臟手術，親子關係也一級棒。

　　臨床上也很常遇到將哺乳生活想得太複雜的媽媽，我通常會建議媽媽簡化生活，讓哺乳回歸到最自然的方式。例如奶水豐沛的媽媽遇上很會吸吮的寶寶，但因為媽媽認為每四小時喝一次奶才合理，所以經常等到脹奶，也經常讓寶寶等到爆哭，當寶寶將喝奶的力氣都用在哭泣後，很容易吸吮到一半就睡著，媽媽因而擔心寶寶沒吸足奶水，又拿出奶瓶補充擠出的奶水。所以整天的生活就變成「哺乳→瓶餵→擠奶→洗奶瓶

及吸乳器的配件→下一次哺乳」的無限輪迴。這樣的日子真的很難過下去，即使奶水再多也不想餵，更別說一累一忙，乳腺就阻塞了。

請媽媽相信自己與寶寶的本能，試著觀察寶寶想要喝奶的姿勢與動作，不要看時間餵奶，而是當寶寶想吃就餵，若吸軟單邊的乳房還想再喝，就換另一邊的乳房繼續餵。通常經過一至兩週的磨合期後，自然會建立起彼此的哺乳默契，媽媽也會發現不用花時間擠奶、瓶餵原來這麼輕鬆。

認識寶寶想要喝奶的訊號
- 早期訊號：張張小嘴，不斷吐舌頭，像是在舔東西。
- 第二期訊號：揮動雙手，頭會扭來扭去，往媽媽的身上蹭。
- 晚期訊號：大哭、崩潰、全身脹紅、亂動。
通常進入晚期訊號，寶寶已非常生氣，當力氣花在哭，寶寶很容易喝到一半就睡著，所以建議媽媽觀察到前兩期訊時便哺乳。

無論是回到職場的媽媽、親餵為主的媽媽、擠奶瓶餵的媽媽、親餵與瓶餵並行的媽媽等，請在這段時間保持彈性，擬定初步計畫後採取滾動式調整。俗話說「哺乳就是人生」，很難規定或預測，只能盡力過好每一天，確定自己活在當下，並享受生活，哺乳自然能夠持續下去。

在家以外的地方也能自在哺乳

有些媽媽在產後脫離原先的生活，整日面對不會說話的小嬰兒，煩

悶的情緒逐漸累積到無法負荷的程度。大約在寶寶二至三個月大，基本的生活模式已建立，若沒有突破或改變，不少媽媽會覺得生活被哺乳限制而感到困擾。如果哺乳媽媽能帶著寶寶在住家以外的地方哺乳，放鬆緊繃的心情，對於哺乳家庭是很重要的事，也是哺乳生活的重要里程碑。

認識「公共場所母乳哺育條例」

臺灣有保護媽媽公開哺乳的法律，主要目的就是保障媽媽與寶寶在公共場所公開哺乳的權利。

當媽媽於公開場所哺餵母乳時，任何人不得禁止、驅離或妨礙，且此權益不因該公共場所已設置哺（集）乳室而受影響，違者將依法處以罰緩。若違反該法條的行為人為該公共場所之從業人員，則該機構或場所也有連帶責任。

這是許多哺乳家庭一步一步爭取來的，非常不容易，希望能透過立法讓大眾尊重哺乳媽媽與寶寶的需求與權益。整體來說，臺灣對於公開哺乳的觀念相當進步，接受度也滿高的，雖然還是有些媽媽或民眾不習慣，或許藉由大眾對哺乳的逐漸瞭解後，能進而尊重哺乳媽媽與寶寶的需求。

哺乳寶寶出門去

帶哺乳寶寶出門其實很方便，不必準備奶粉、熱水、奶瓶等，只要媽媽與寶寶準備好，帶幾片尿布就能出門，不用擔心寶寶會餓肚子。

從熟悉的地方開始練習

剛開始離開家哺乳時，建議新手媽媽從熟悉的的地方開始練習，例

如娘家、婆家或朋友家，讓親朋好友預先知道你在哺乳。媽媽可以借個房間哺乳或是邊聊天邊哺乳，依照自己與親朋好友的接受度調整。

我自己第一胎時曾在娘家住了一陣子，有天原本在客廳看電視，寶寶肚子餓要喝奶，但又不想離開電視回房間餵奶，也不想多開一台冷氣。這時娘家爸爸看出我的考量，跟我說，你就在這裡餵奶吧！從那次之後，我就大大方方的在沙發上餵奶，繼續看電視或聊天。不過回婆家時，還是不好意思在男性親友前哺乳，就會借婆婆或小姑的房間哺乳。當然每個人的狀況與考量都不同，建議大家與親朋好友討論彼此的需求，讓自己不論在哪裡都能找到放心自在的哺乳空間。

穿著外出的內衣物，練習哺乳動作及流程

通常在外哺乳會擔心走光，畢竟乳房是很私密的身體部位，每個人有自己的身體界線，不想在不放心的地方露出乳房很正常。建議在家哺乳時穿著出門會穿的內衣與外衣，試試看整個哺乳的動作與流程是否順手。

如果已能順利哺乳，通常寶寶的含乳動作很快，旁人也可能沒發現你們在哺乳。等練習順手後再到家以外的地方，會有信心很多。如果還是很擔心，在哺乳時用大毛巾、包巾，或是哺乳巾遮蔽旁人視線，也是很好用的方法。

善用背巾，邊走邊餵

如果對於哺乳動作及流程已很熟悉，不妨拓展一下生活圈，不因生產育兒而侷限。臺灣大型的商場大多都有哺（集）乳室，但隨著哺乳率

的提高，不少媽媽遇到排不到的狀況。其實在車子裡哺乳、找張椅子坐著哺乳，或是用背巾邊走邊餵，都是可以考慮的選項。

步行十五分鐘以內的範圍

建議先從步行十五分鐘以內的範圍開始，即使不習慣或不順利，也能盡快返家處理，心理壓力比較小。即使只是在住家附近走走，呼吸一下外面的空氣，曬曬太陽或看看天空也好。有媽媽分享，在家待了兩個月，光是聽到便利商店進門的「叮咚」聲，心情都變好了。

請媽媽們依循自己的喜好或習慣，善用哺乳育兒的工具，例如背巾、推車、安全座椅，讓哺乳育兒的環境更開闊，慢慢找回生活主導權，就會越來越開心自在。

建立人脈網絡

為了讓哺乳之路不孤單，非常鼓勵媽媽結交在地哺乳夥伴，互相交

流情報及資訊，在育兒的過程中互相陪伴成長，也是很棒的緣分。

與有小孩的親友多接觸

通常會從身邊的親朋好友、同事及同學開始，尤其是已經有小孩的親友，媽媽在孕期期間就能多跟他們聊天互動，聽聽不同的經驗，預先瞭解必備的資訊，對產後有很棒的支持。

參加在地的哺乳支持團體

有些媽媽因為結婚、生產，離開原先的居住地，甚至去到其他國家，親朋好友不一定在身邊，建議參加哺乳支持團體，結交哺乳圈的朋友。哺乳支持團體中的媽媽為了哺乳育兒聚集，分享彼此的心情與經驗，很容易引起共鳴，通常也能在分享的過程中，遇到比較聊得來而可以個別交流的朋友。

談到這裡，就令人想起新冠疫情之前的哺乳支持團體了，每個月大約有二十至三十組親子來參加，把醫院的會議室擠得滿滿的。看著寶寶從需要人抱，過幾個月後換在地墊上爬，接著開始滿場跑，還有媽媽從第一胎參加到第三胎，能陪著媽媽與孩子成長是很難得的機會，也親眼見證了媽媽們互相支持與成長的力量。

除了以上提到的兩點，媽媽們也可以在公園、親子館、親子課程、兒科診所，或兒童友善商店等親子會一同前往的場所，嘗試與其他家長交流，分享在地資訊，有時也會牽起莫名的緣分，讓交友圈更開闊，生活更自在豐富。

寶寶六個月至兩歲大：
慢慢脫離單純哺乳的階段

●●●

寶寶接近六個月大時，肌肉逐漸強壯，從只能揮動四肢、轉動頭部，漸漸地能夠翻身，可以與人互動，醒著的時間越來越長，表情動作也越來越多，這也表示哺乳育兒的生活即將進入添加副食品的階段，媽媽又將面臨什麼樣的挑戰？

● 寶寶的第一口副食品

寶寶在接觸各式各樣的食物後，會建立起自己的進食習慣。建議觀察寶寶的個性發展，讓寶寶有機會嘗試各種食物，並逐漸習慣母乳以外的食物，漸漸減少喝奶量，培養健康的飲食習慣。

添加的時機與用意

世界衛生組織及國民健康署均建議，寶寶在六個月大以前請持續哺

餵純母乳，並持續哺乳到二歲或二歲以上，但是鐵質的部分在六個月左右需要透過副食品額外補充。

這樣的建議是根據寶寶的營養需求及發展成熟度提出的，當寶寶在六個月大之後，本身的鐵存量及母乳所提供的鐵質已不敷成長需求，必須開始添加含鐵質的食物。

一般來說，在寶寶滿四到六個月大時，開始觀察寶寶的發展與動作，讓寶寶慢慢接觸副食品。依照寶寶的發展階段，六個月大的寶寶已經準備學習咀嚼食物。經由固體食物學習咀嚼及吞嚥，咬合與咀嚼的能力也會隨著練習逐漸進步。

臨床上發現有些寶寶因為錯過嘗試固體食物的時間，變得不愛吃而造成飲食問題，但過早開始添加副食品也不好。根據之前的研究發現，寶寶會自己調節食量，減少母奶的攝取量，這樣反而造成營養不良。根據歐洲小兒消化醫學會建議，添加副食品的時間應在寶寶十七至二十八週大，所以請家長依照寶寶的發展狀況與年齡選擇開始副食品的時機。

當寶寶四到六個月大時，如果在有支撐的狀況下可以坐得很穩，或是用手拿東西放進嘴裡，並且在大人吃飯時，虎視眈眈的看著並顯得躍躍欲試，甚至伸手撈你吃的食物，這些發展表示寶寶已經準備好，也是讓寶寶嘗試副食品的好時機。

添加的原則
副食品是讓孩子建立健康飲食習慣的過渡時期

建議讓寶寶逐漸適應家中的飲食，一歲之後可以跟大人一同用餐，餐桌上的食物只要不會太刺激或容易噎到，都可以一起享用。有些家長希

望寶寶吃得有機、吃得營養，花了很多時間只為了準備副食品，自己則是餐餐外食，忘了照顧好自己的飲食，失去接觸副食品的原意。不妨把準備副食品當成檢視全家人飲食內容以及調整均衡營養的機會，試著準備一些大人與孩子都可以吃的食物，讓全家人一起建立良好的飲食習慣。

一次嘗試一種新食材，確定寶寶沒有拉肚子等不良反應再增加

剛開始可以從熬煮稀飯，或是加水將嬰兒米精、麥精調開，以湯匙少量餵食寶寶。若家裡有胡蘿蔔、馬鈴薯或南瓜等，也可以煮熟後壓製成蔬菜泥。或是平日常吃的水果，如蘋果、香蕉、梨子等，用湯匙刮成水果泥，一次一點點餵給寶寶吃。如果想一次嘗試多種新食材也無妨，但請仔細觀察寶寶的反應。如果容易出現不適應的症狀，如腹瀉、疹子、頻繁哭鬧等，還請改以較為保守的方式，一次添加一種新的食材，比較容易觀察到寶寶對食材的反應。當寶寶能夠磨碎食物或吞嚥狀況良好時，就可以開始添加蛋白質以及富含鐵質的食物，例如蛋黃、雞肉、豬肉、牛肉及魚肉等。

寶寶的 NG 食物

- 帶殼的海鮮、蛋白及牛奶等較容易引起過敏的食材，等寶寶一歲後再吃。
- 一歲以內的嬰兒不可食用蜂蜜，以避免肉毒桿菌毒素中毒。

隨著寶寶年紀與進食能力的成長，增加副食品的濃度與分量

剛開始每日準備一至兩餐的副食品，在午餐或晚餐時段一起食用。

等寶寶一歲大之後，就可以三餐都吃副食品，餐間給予點心或哺乳。

剛開始添加副食品時，建議持續依照寶寶需求哺餵母乳或配方奶，以副食品慢慢建立一天三餐的飲食習慣，且盡量在哺乳前餵食副食品。等寶寶夠大並相當適應副食品時，逐漸用副食品取代餵奶，一次一餐慢慢來。

一歲以後的孩子大都可以跟著家人一同用餐，喝奶的次數及量會減少，只要保留早上與晚上哺餵母乳的時段，通常可以維持到寶寶兩歲以上。

在製備副食品時，務必注意烹調時的清潔衛生，盡量以天然食材為主，避免加工食物或過多的調味料。當然也要考量寶寶的咀嚼能力，以軟爛的食物為主，不建議用果汁機將蔬菜打得太細，會影響寶寶纖維質的攝取。

TIPS

- 天然食材，避免過多的調味或加工食物。
- 每兩、三天增加一種新的食材。
- 建立寶寶一日三餐與家人同桌吃飯的習慣。
- 三餐中間或早晚哺餵母奶。
- 依照寶寶的吞嚥能力，調整副食品的濃度與分量。

餵食的方法

準備寶寶的餐椅，以及固定的用餐地點

幫寶寶準備自己的餐椅，養成在固定地方用餐的好習慣，也可準備

專屬的餐具，讓寶寶試著把食物放進嘴裡。剛開始可能慘不忍睹，但隨著逐漸熟練，寶寶就會吃得越來越好了。

寶寶主導式離乳法

有些家長採用嬰兒主導的離乳方式（Baby-Led Weaning，簡稱BLW）讓寶寶開始接觸副食品，只要注意安全，避免容易噎到的食物，例如太硬的胡蘿蔔或堅果，讓寶寶自主進食是很好的方法，也不會有過度餵食的狀況，而且寶寶自己嘗試、挑選想要吃的食物，還能訓練小肌肉與手眼協調的能力。不過寶寶常會把食物弄得到處都是，也要請家長做好清理的心理準備。

用湯匙餵食寶寶

提醒家長要尊重寶寶的食欲，讓他決定要吃的量。若寶寶有意願，還是要提供一些手指食物，讓他嘗試主動進食，而非只習慣被動餵食。大部分的寶寶可以接受兩種方式同時進行，用餐時部分由家長餵食，部分是自己抓取手指食物。

不論採取哪一種方法，都要仔細觀察寶寶的進食反應。如果突然動作暫停、臉色發黑，請立刻停止，若有異物梗塞，請以哈姆立克法排出異物。其實大部分的寶寶吞不下去時，多會反射性的吐出來，所以不用太擔心。

請讓寶寶以自己的步調練習進食，學習將嚥不下的食物吐出來，也讓寶寶體驗食物在口中被咬碎的感覺，這些練習的過程都會讓進食變得

越來越熟練並安全。

寶寶不愛吃副食品怎麼辦？

　　每位寶寶都有自己的個性，有的對吃很感興趣，有的需要家長費些功夫，變化不同花樣才能引起寶寶對食物的興趣。

　　如果抽到「三口組」寶寶，就是考驗家長廚藝與耐心的時候，但請記得沒有人會傻到餓壞自己，不餓的寶寶當然食欲不佳，在評估飲食狀況時，首先要瞭解寶寶的活動狀況，如果整天關在家裡，活動量不足，真的很難吃得又多又好。

　　我經常開玩笑地說，人不吃飯只有兩個原因，「不夠餓」和「不好吃」，而不夠餓贏過不好吃，因為很餓的時候，什麼東西都吃得下。

　　很多寶寶在家長細心呵護下，不曾有「餓」的感覺，食量的表現也就與家長所期待的程度有很大的落差，通常這樣的寶寶只會吃到自己滿足就好，而並非家長覺得足夠的程度，所以經常讓家長感到挫折與壓力。

　　我建議家長相信寶寶有自我調節食量的本能，不用強迫他們吃飯，平時保持足夠的活動量，用餐時營造愉快正面的氣氛，讓寶寶覺得吃飯是件開心放鬆的事，也能有助於日後建立良好的用餐習慣。

這是母乳媽媽經常提出的疑問，實際上開始添加副食品的同時仍應該持續哺餵母乳，除了必須的營養外，母乳中所提供的免疫成分（免疫球蛋白、乳鐵蛋白、補體等）可保護寶寶降低嚴重感染的風險。

此外，也請不要忽略哺乳在心理上提供的安撫作用，六個月後是寶寶粗細動作與認知功能快速發展的時期，在短短數個月內，從坐立、爬行、站立，到跨出步伐，每天都有新的考驗，哺乳所提供的安撫作用可以讓寶寶更安心地接受挑戰並快樂地成長。

◖ 寶寶咬乳頭怎麼辦？

在寶寶長牙前後，就像小小的齧齒類動物，什麼東西都要放入嘴裡咬咬看。因為這個時期的寶寶是用嘴巴在探索世界，只要是觸手可及的物品，摸到、看到都不算數，得要放進嘴裡咬一咬才算認識這個東西。

照顧過這個年齡的寶寶就知道，要隨時盯著，環境也要盡量保持安全，避免他們吃到不該吃的東西，例如電池、藥物或硬幣等。當然也有可能在哺乳時亂咬乳房，但我的解讀是「這東西沒咬過耶！試試看吧！」，大部分的寶寶會試探性地咬，接著看媽媽的反應來決定是否繼續。

所以當寶寶咬乳房時，就要立刻移出乳房，並嚴肅地告訴寶寶「不喝就分開了。咬媽媽會痛，不可以。」試著用溫和並堅定的口氣告訴寶寶「乳房是不能咬的」。通常好溝通的寶寶只要講三、五次，就不會再咬媽媽的乳房了。

如果寶寶沒能理解溫和的表達方式，有時只好用一些較為嚴厲的方法，例如捏鼻子或輕彈臉頰。總之要讓寶寶清楚知道「咬媽媽＝媽媽會生氣＝沒奶喝」。不要小看還不會講話的小嬰兒，其實他們都懂，只是想不想照做而已。

　　每次講到這裡都會分享一位男寶寶的故事，這位寶寶大約十個月大，無論媽媽好好講、分開乳房、捏鼻子、彈臉頰和生氣等，寶寶還是很愛咬乳房，而且接受懲罰後還對媽媽嫣然一笑。雖然媽媽覺得又好氣又好笑，但還是很困擾。我們通電話討論了一些原則，也鼓勵媽媽再試試不同方式，讓孩子理解「咬媽媽＝媽媽會生氣＝沒奶喝」。兩天後媽媽很興奮的打電話告訴我，她成功的讓寶寶不咬乳房了！我超好奇她用了什麼方法，居然才兩天就有效了。

　　她說她拿衣架打了一下寶寶的腳底板，寶寶因為痛就哭，這時她跟寶寶說「你咬媽媽的時候，就是這麼痛，媽媽真的沒辦法了！不喝就放開，不可以再咬了……」很慎重的跟寶寶說之以理後，再讓寶寶含上乳

房喝奶，重點是她在整個哺乳過程中都拿著衣架，她說寶寶就一邊喝奶一邊瞄著衣架，喝兩口又瞄一下，發現衣架還在，就只敢乖乖喝奶不敢咬乳房了。

講到這裡在電話兩頭的我們都大笑了起來，光是想到邊哺乳邊拿著衣架的畫面就覺得很奇特，接著又想到寶寶邊偷看衣架邊喝奶的樣子，真的太有趣了。當然不是每個寶寶都需要動用到衣架，這只是與寶寶溝通的過程，讓他知道不是每件事都能隨心所欲，有些事也必須尊重別人，我都說這是教養的第一步喔！

認識寶寶罷奶

罷奶的英文是 Nursing strike，跟罷工 Strike 是同一個字，是指寶寶本來吸吮得順順的，突然在某個時間點就不接受親餵了。罷奶發生的年齡大約在六個月到一歲大，大部分寶寶經過媽媽引導後，會願意繼續哺乳，但也有些寶寶就此停止哺乳，有些媽媽會順勢離乳，也有些媽媽持續擠奶給寶寶喝。媽媽或寶寶生活中出現特殊變化時，也可能讓寶寶突然改變原本的進食方式，以下是常見的原因：

• 寶寶咬乳房時，被媽媽責罵或驚嚇。
• 寶寶長牙感到不適。
• 寶寶喉嚨痛或耳朵痛等身體因素。
• 媽媽接觸了不同的香味或食物。
• 媽媽心情不佳。
• 寶寶的生活型態突然改變。

罷奶的對應方式

當寶寶出現罷奶的情況，建議先回想一下最近的生活與互動方式，有沒有什麼特別的事件。找出可能的原因後，比較容易找到改善的方法。

哺乳時受到驚嚇或責備

例如寶寶咬乳房時，媽媽因為疼痛而大叫，進而影響寶寶哺乳的意願，通常會建議媽媽花時間好好跟寶寶溝通，例如「媽媽已經不痛了，你可以喝奶了。」、「媽媽之前好痛大叫嚇到你了吧？媽媽自己也嚇到了，所以才會大叫。嚇到你很對不起耶！現在ㄋㄟㄋㄟ已經不痛了，你再喝ㄋㄟㄋㄟ好不好？」通常動之以情後，寶寶就會願意繼續哺乳。

確認寶寶的身體狀況

例如長牙、生病、耳朵痛或喉嚨痛等，這些不舒服的症狀都有可能讓寶寶突然改變原本的進食習慣。通常長牙的症狀會持續數天，有些寶寶會輕微發熱，但還不到發燒的程度，先出現不舒服的症狀過幾天才冒出牙齒也是很常見的。大部分因為身體不舒服造成的罷奶，只要耐心陪伴寶寶度過不舒服的階段，等身體症狀解除後就沒問題了。

媽媽與寶寶的生活型態突然改變

臨床上常見的狀況是，原本混合瓶餵與親餵的寶寶，剛好遇到媽媽出差好幾天沒辦法親餵，轉為偏好瓶餵不願意親餵，或是媽媽吃了特殊氣味的食物、用了不同味道的香水等，讓寶寶覺得原本熟悉的哺乳感覺不見了，因此拒絕乳房。

這時請媽媽盡量回復原本的生活模式，也多抱抱孩子，跟孩子「搏感情」，並跟寶寶說明改變已經消失，媽媽回來身邊了，可以恢復之前的相處模式嗎？總之，很像挽回暫時傷心想分手的另一半，強硬的作為，例如不給奶瓶、放著孩子哭，通常只會撕裂關係，對挽回沒什麼幫助，多溝通互動、動之以情，是比較有可能恢復親餵的方法。

　　再提醒一次，哺乳的目標是要有良好的親子關係。如果試了很多挽回的方法，也持續一、兩週的時間，寶寶仍然不願意，也請接受他的決定。也許有點遺憾或不甘心，但想想也擁有了至少六個月的愉快哺乳回憶，接下來的日子，媽媽可以依照自己的狀況決定離乳或是持續擠奶。以下為一位媽媽的真實經驗分享，提供給大家參考。

　　那天跟毛醫師談了有關十個月大的寶寶突然不願意喝奶的狀況，醫師給我一些建議，包括增加寶寶飲食、誠懇相互溝通，萬一孩子仍不願意喝奶，要記得少量擠奶、安全下莊等。

　　回家後，我先跟寶寶道歉，並告訴她之所以凶她，是因為她喝奶時抓奶、踢人，嚇她不是媽媽的本意等。最後，跟寶寶說媽媽還是很希望可以繼續餵ㄋㄟㄋㄟ，喜歡抱在一起，媽媽跟ㄋㄟㄋㄟ都很愛她。過程中邊講邊哭，雖然心裡因為已經把感受說出來而覺得踏實，但看她似懂非懂，自顧自地玩玩具，偶爾看我一眼，似乎不願意原諒我，又覺得很難過。

　　到了餵奶的時間，我跟寶寶說「要ㄋㄟㄋㄟ就過來，ㄋㄟㄋㄟ歡迎寶寶」，結果她輕輕地靠過來親了一下乳頭，接著開始吸吮，這時我又哭了，原來寶寶都有在聽，而且聽得懂，也願意再親近乳房喝奶，讓我感動不已。

寶寶的首場畢業典禮：
自然離乳的方法與時機

━━━━━━━━━━━━━━━━━━━━━━━━━━━ •••

　　以人類學觀點來說，在原始部落文化中，嬰兒一般是在二到五歲之間離乳，平均是三到四歲。所以建議媽媽持續哺乳到二歲以上，盡可能持續餵到寶寶自然離乳為止。但請千萬不要斷然結束哺乳關係，而是引導寶寶自然離乳，讓這段哺乳生活有個愉快的結束。

● 自然離乳的時間與考量

　　世界衛生組織建議哺乳至少到兩歲，那餵到兩歲之後呢？還要再餵多久呢？離乳就像是寶寶的第一次畢業典禮，而每個寶寶需要的修業年限會依照他的身心發展各有不同，面對不知何時到來的畢業式，或是突然被宣告畢業，在這個過程裡，心中感到惶恐或煩惱是很正常的，所以也特別需要與有自然離乳經驗的家庭交流打氣，讓自己與寶寶有信心與

勇氣迎接畢業的到來。

　　媽媽應該餵到幾歲其實沒有標準答案，自然離乳的年齡同時受到自然因素與環境文化的影響。如果參考其他高等靈長類動物，如人猿和黑猩猩，學者凱瑟琳・安・德特威勒（Dr. Katherine A. Dettwyler）提出不同估算離乳時間的公式，其中一個估算方法是當寶寶的體重達到出生體重的四倍時，大約是健康寶寶二至三歲時。另一個估算方法大約為妊娠時間的六倍時，也就是四歲半左右離乳。以人類學觀點來說，在未經現代文明洗禮的原始部落文化中，寶寶一般會在二至五歲間離乳，平均落在三至四歲。

　　目前世界衛生組織（WHO）建議媽媽持續哺乳到二歲以上，或者持續餵到孩子自然離乳為止，是參考這些資料之後的總和建議並不是餵到兩歲就要斷然停止，而是鼓勵家長餵到自然離乳。

持續哺乳的好處

通常餵到寶寶一歲以上，媽媽身邊的雜音就會漸漸出現，例如「她喝太久了啦，可以斷奶了吧？」、「他都已經一歲了，要喝到什麼時候？還不趕快把奶戒掉？」、「每天都在喝奶，到底要喝到什麼時候？」所以若沒有堅強的意志，或是充耳不聞，要持續哺乳還真是不容易。

這裡要告訴大家，一歲以上的母乳仍然富含抗體，而且抗體濃度與餵食次數成反比，意思是說如果一天只餵一次，母乳中的抗體濃度比一天餵好幾次更高。基本上母乳中的抗體會持續存在，而且不論母乳的量有多少都有抗體，是其他食物無法提供的重要保護，也就是我們一直提醒大家的，母乳是「有吃有保庇」。

一歲以上的寶寶以食物為主食，母乳漸漸退到副食品的角色，提供孩子無可取代的免疫功能與親密關係。所以我會鼓勵媽媽餵到不想餵或是寶寶不想吃為止，不論是誰想結束這段關係，都可以找出和平分手或開心畢業的方式，讓哺乳生活愉快順利地告一段落。

⬤ 安全又開心的離乳原則與方法

　　影響媽媽離乳的因素很多，常見的包括奶水不足、回到職場、哺乳期間懷孕、哺乳期間用藥、嬰兒咬乳頭或擔心蛀牙等。其實上述理由都不一定需要離乳，重點還是媽媽自己的考量與選擇，若對這些因素感到困惑，不妨跟哺乳夥伴或是泌乳顧問好好聊一聊，找出適合自己與寶寶的方式。

　　有時餵奶進入倦怠期，對於孩子喝奶甚至會出現厭惡的感受，或是對於孩子頻繁討奶、把ㄋㄟㄋㄟ當飲水機感到厭煩時，適當的與孩子溝通，建立基本的哺乳規則、約定離乳時間，也是很好的引導方式。引導離乳的目標在於協助媽媽與孩子找出哺乳之外的安撫模式，並在哺乳結束後仍保持良好關係。

　　只想提醒媽媽們一件事，離乳是個過程，希望各位的哺乳生活有個愉快的開始，也能平和的結束，給身體與寶寶逐漸適應的時間，就能安全又開心的離乳。

自然離乳的四個基本原則

1. 建立身體界線

　　讓寶寶開始尊重媽媽的身體及心理需求，媽媽提供乳房讓寶寶喝，寶寶也要懂得尊重媽媽的需求才能繼續哺乳。包括讓寶寶知道喝奶時不可以咬乳房，也可以約定簡單的哺乳規則，例如在家可以哺乳，但在外面就吃飯，等回家再喝奶，或是不可以隨意掀開媽媽衣服喝奶，要經過媽媽同意才能喝奶等。規則可以依照媽媽的想法、孩子的年齡、家庭的環境與生活方式調整，重點是跟寶寶講清楚並明確執行。

　　若寶寶真的無法配合，可做一些適當調整或改變。另外，如果寶寶非常習慣用哺乳當作安撫，也建議媽媽開始建立其他的安撫方式，例如牽手、拍拍、抱抱或親親等，在寶寶需要安撫但不一定適合哺乳的時機，慢慢的轉換安撫方式，讓孩子理解媽媽與寶寶的連結方法很多，就算不哺乳，媽媽對孩子的關愛仍然持續不變。

2. 不主動不拒絕

　　剛開始離乳時，最常利用的方式就是轉移注意力，盡量避開平時哺乳的情境，例如找親朋好友來陪玩、帶到新環境或提供新玩具等，也不在平時喝奶的時間主動邀請或提醒寶寶哺乳。

　　對於兩歲以上的寶寶，哺乳是個習慣，也是個安撫，但已經不是主食，所以只要有新奇的東西，可能就會忘記或減少哺乳這件事。若孩子有明顯需求時可以如常哺乳，試著把哺乳次數減到最少。

3. 哺乳限時限地

利用約定的方式慢慢限定哺乳時間，例如數十下、五分鐘……，也可以只在約好的地方哺乳，例如房間裡、搖椅上……。結束時若仍不願接受，請利用其他方式安撫，例如抱抱、拍拍、牽手、唱歌、共讀或按摩等方式。若孩子如約定放開乳房，就要稱讚並謝謝他的配合，鼓勵寶寶做得好的表現，他就會越來越配合。

4. 約定離乳日子

如果覺得寶寶已經準備好，不妨約定特定的日子畢業，例如生日、旅遊或過年等，只要媽媽與寶寶都同意就好。訂好日子後，建議標示在日曆上，搭配倒數，讓寶寶知道自己長大了，即將邁入下一個階段。

在離乳日子來臨前，記得不斷地預告，也可以告知平時很會鼓勵寶寶的親友們，全家一起迎接畢業那天的到來。不妨利用繪本練習離乳情境，告訴寶寶改變後會不習慣是正常的，但爸爸媽媽的支持與關心永遠都在。

分享一個曾在書中看到的有趣方法，約定好的那天，媽媽可以在乳房上畫畫，例如畫成可愛的熊，當寶寶想喝奶時，就給他看變成熊的乳房，跟他說ㄋㄟㄋㄟ不見了，換成熊熊來陪你，孩子就不會再吵著喝奶了！我覺得這是個很溫馨的方式，但還沒聽過媽媽實際操作的經驗分享，若有用這個方法成功離乳，不妨與我分享一下喔！

自然離乳的方法

根據各種不同觀點，人類嬰兒自然離乳的時間約在兩到五歲之間，

離乳的時機是由媽媽與寶寶自行決定的，我們應該給予尊重。基本上，在哺乳很順利的情況下，我們鼓勵媽媽持續哺乳到寶寶自然離乳。當然，若媽媽覺得哺乳已經造成困擾或不適，讓孩子逐漸離乳也是很合理的選擇。

循序漸進，降低泌乳量

哺乳媽媽可以先省略寶寶最不想吃的那餐，並且避開想吃奶的環境，在哺乳前由他人先餵適當的副食品等；以一段時間逐漸減少餵奶的次數，是比較建議的方式。以漸進式的方式離乳，對媽媽與寶寶來說都有好處，比較容易被寶寶接受，媽媽也能減少脹奶甚至乳腺炎的困擾，彼此都能有心理準備。

當乳房非常脹痛時，可輕輕擠掉一些母乳讓乳房舒服，但僅在需要時才擠奶。一般建議花一週或稍長的時間逐漸減少哺乳的次數或擠出的奶量，會是最舒服的離乳方法，也比較不會有脹奶或乳腺炎等問題。

臨床上另外一種常見的狀況是，媽媽發現擠出來的奶量太大，希望下修擠奶量，但因為減得太急，反而造成脹奶或乳腺阻塞。建議媽媽先減少單次擠奶量，例如原本每次擠一百五十毫升，就改成擠到一百三十毫升就先停止，過兩、三天後覺得脹奶的狀況改善，就改擠一百一十毫升，依此原則慢慢減少到期望的奶量；也可以選定某次最想停止的擠奶時間，逐漸減少擠奶量，通常擠奶量少於一百毫升時，可以停止該次擠奶。在減少擠奶量的過程中，如果覺得乳房太漲不舒服，可以去廁所用手擠出少許奶水以舒緩脹痛，過程中亦可冷敷或敷高麗菜葉，減緩乳房脹痛。另外，媽媽可以選擇較緊身且包覆佳的胸罩，也避免如按摩、熱

敷，或是淋浴時對乳房的刺激。

不同階段的退奶方式

- 產後初期 ：尚在產後第一個月內時，可以考慮使用退奶藥，必要時服用止痛藥減少疼痛感，並在乳房脹痛時擠出少許奶水以舒緩脹痛，配合冷敷乳房，通常就能安全減少泌乳量。
- 哺乳中後期 ：不一定需要使用退奶藥，而是用漸進式減少擠奶量或餵奶次數，通常就能安全離乳。

總之，希望每位媽媽找到適合自己的哺乳方式，不論是在哺乳的初期或結束時遇上狀況，都能利用正確並安全的方式處理。就像我在門診經常提到的，媽媽當然可以選擇不繼續擠奶或餵奶，但總要「安全下莊」，選擇正確的方法離乳，才能減少併發症的產生。

退奶藥與退奶食物

有些媽媽以為離乳一定要靠食物或藥物，原則上，奶量的變化是供需原理，只要減少擠奶及餵奶的次數，泌乳量就會隨之慢慢減少。若是已經餵到兩歲以上，寶寶通常只剩下睡前奶和安撫奶，媽媽的奶量也不會多到脹痛的程度，使用藥物離乳的機會很低。

目前對於離乳的食療並無實證研究，臨床經驗中，韭菜的效果很普通，奶量大的媽媽大多沒什麼感覺；人蔘和炒麥芽是比較多媽媽認為有

效的方式，但也不是萬靈丹，還是得配合上述越餵越少或越擠越少的減奶方法。

退奶藥的作用是抑制泌乳激素的產生，在生理上，泌乳激素不可能因為吃了退奶藥就降到零，所以把退奶藥想成「減奶藥」比較合理，已經在乳房中的奶水還是得移出或吸收掉，先前提到各種減少乳房腫脹的方法也得學會。如果期望吃了退奶藥就不用處理脹奶的媽媽可能要失望了，反之，若吃了退奶藥後，還想持續哺乳、擠奶也是絕對沒問題的。

不論使用中藥或西藥離乳，都建議找醫師開立適合的處方後再服用，避免自行購買或使用他人處方。西藥常用的退奶藥，主要是抑制泌乳素，在產後初期能有效快速地減少泌乳量，但也要配合逐漸減少餵奶或擠奶次數，奶量才會逐漸下降，也不會在減奶過程中造成乳腺阻塞。

緊急離乳的情況

臨床上需要緊急離乳的情形包括寶寶突然拒絕喝奶、寶寶死亡、懷孕十六週後結束妊娠，或者是媽媽需要接受化學或放射性治療，得服用不適合哺乳的藥物等。

若是遇上需要緊急離乳的狀況，最需要照顧的是媽媽的心情。不論是上述哪一種理由需要離乳，同樣讓人不捨與傷心，都需要充分的同理與支持，適當的抒發情緒，當媽媽情緒恢復穩定時，乳房狀況也會漸漸穩定，不會一直出現脹痛不適的症狀。

我會建議媽媽與泌乳顧問溝通目前的狀況與可能的處理方式，不論是要盡快減少奶量、持續擠奶但慢慢減少，或是持續擠奶到媽媽準備好

再減少，都是可以討論的選項。有位媽媽在寶寶當小天使後，決定繼續擠奶一陣子當捐乳者，因為這是她懷念寶寶與處理哀傷的方式之一，應該被尊重與支持。泌乳顧問沒辦法幫忙決定，但可以協助媽媽討論出目前可行的方式，並持續陪伴度過這個過程。

　　曾經遇過一位三寶媽，前兩胎都餵得很順，但在三寶六個月大之後，就經常因為乳腺阻塞來看診，大約一個月會出現一至兩次。其實他們的哺乳狀況很良好，我只能協助她處理阻塞，卻不知道為何會如此頻繁發作。直到寶寶一歲大時，媽媽通知我說，她的檢查報告是大腸癌末期，血紅素很低，預計下週做化療，之後手術，所以想問我如何短時間離乳。

　　我非常驚訝，因為媽媽看不出來如此病重，也忍不住詢問她如何發現癌症，她說其實排便不順很久了，也非常容易感到疲勞，但覺得跟乳腺阻塞沒關係，就沒有特別跟我說。我跟媽媽說了離乳的原則，並保持聯絡。這位媽媽後來與我談到離乳的過程，因為被診斷出癌症時感到傷心，但沒多久就體認到需要離乳的事實，也讓她很難過。第一天不讓寶寶喝奶時，寶寶因為很不習慣，到了傍晚就一直哭著討奶，這時她抱起孩子哺乳，一邊拿起手機錄影，一邊跟孩子說，「寶貝，這是媽媽最後一次餵你喝奶了，之後媽媽要做治療，就不能再餵你喝奶了，但媽媽會一直超級愛你的喔！」聽著我也跟著落淚，這真是我遇過最傷心的離乳經驗了。

　　這位媽媽讓我知道，乳腺阻塞只是表面症狀，不論是身體或是心理造成的，找出乳腺反覆阻塞的原因，才能真的解決乳腺阻塞，或是協助媽媽盡早發現身體的其他疾病。也請家長理解泌乳期的乳房就是身體的

警報器，反覆的乳腺阻塞或疼痛通常都有原因，與其一直想著離乳，不如好好面對身體及心理的狀況，找出哺乳不順的原因並改善，調整適合自己的哺乳或擠奶方式，更能有效解決乳房不適的症狀。

寶寶離乳後，媽媽的身心變化

通常離乳後媽媽感到失落或不捨是正常的，看著前一天還嗜奶如命、非奶不可的寶寶，第二天突然長大了，不需要喝奶也可以睡著、也可以被安撫，彷彿什麼事都沒發生過，而覺得自己被拋棄或被遺忘了。鼓勵與其他有類似經驗的媽媽們分享或交流一下心情，通常可以獲得溫暖又同理的回應，順利度過這段適應期，迎接寶寶成長中的第一個畢業典禮。

離乳後乳腺就進入泌乳第四期，也稱為退化期。乳腺細胞與乳腺管會逐漸恢復到孕前的狀態。一般來說，從最後一次餵奶到完全不分泌奶水，平均要四十五天，但臨床上的報告差異很大，從數天到三百天都有。時間長短與離乳時間點以及原本的泌乳量有關係，建議給身體一些時間，這是自然的生理過程。

通常離乳初期的乳房尺寸會很明顯的比泌乳期小，這是因為之前乳房中脂肪組織的空間被乳腺組織占據了，而乳腺組織又正在退化，所以會覺得突然縮小，但請不要擔心，脂肪組織會逐漸回復，乳房尺寸一般會在離乳半年到兩年內回到孕前尺寸。

如果希望乳房維持良好的曲線，在哺乳期間建議保持奶量供需平衡，避免把奶量衝過頭，使乳房尺寸變得太大，皮膚過度撐開。通常供

需平衡的媽媽，乳房尺寸變化僅會比起孕前略為增加，離乳後逐漸恢復孕前尺寸，落差並不會太大。當然這會受到媽媽的飲食與運動狀況影響，請在乎身形的媽媽保持運動習慣，能讓身材線條更漂亮。

媽媽與寶寶的離乳經驗分享

媽媽的分享：兩歲十個月自然離乳的阿勛

　　不知不覺也哺育阿勛將近三年的時間，這時光對我和阿勛來說都有著很重要的意義。我們依偎在一起睡覺、說故事、唱歌、背背搔癢。當然阿勛生病或是心情難過時也是喝著母乳，讓他強壯或是更有安全感。

　　一開始懷阿勛時就常和老公喊著，母乳餵到兩歲就要停止。但兩歲大的阿勛還是很享受媽媽的ㄋㄟㄋㄟ，也觀察到喝母乳的阿勛很少感冒，即使感冒，症狀都很輕微。另外，我也很嚮往自然離乳的「神話」，於是我們就這樣繼續下去了。

　　直到阿勛兩歲六個月時，發現懷了彈珠弟弟。每當阿勛喝ㄋㄟㄋㄟ時，都讓我感到非常疼痛，還有被侵犯的感覺。我咬著牙讓他繼續吸吮，一邊和老公討論（哀嚎）該如何處理？心裡想著神話果然是神話，大約也是在那時開始跟阿勛說，「因為媽媽很痛，不要再吸了好不好？」當然阿勛是不願意的，中間有時因為痛到受不了，曾對阿勛大喊過。事後當然後悔不已，跟阿勛道歉，說明媽媽失控的原因。

　　有一次到毛醫師的門診幫阿勛做健康檢查，也與診所跟診的助理討論離乳的問題。一番談話後，再度給了我重要的提醒，最終還是回歸和阿勛的對話。

因為很痛，所以當下只想到自己，但阿勛自出生以來的安全感來源，不能說斷就斷。於是從那次開始，每當阿勛喝ㄋㄟㄋㄟ的時後，我就先理解他的感受，詢問他的想法，再告訴他，媽媽因為子宮裡住著彈珠，ㄋㄟㄋㄟ才會不舒服。就這樣一來一往的溝通協商，在他願意的狀態下，吸奶的時間從一次 30 秒變為一次 20 秒，接著慢慢減少到一次 10 秒。

　　秉持毛醫師說的，「不主動、不拒絕」的原則，最後從抱抱ㄋㄟㄋㄟ變成抱抱睡睡。很神奇的，在這溝通的四個月裡，沒有強迫離乳，改為相擁入睡，和平而甜蜜的繼續我們兩歲十個月後的另一段旅程。

寶寶的分享：九歲半的王子麵，在六歲半左右離乳

　　媽媽在王子麵離乳後的這三年間，持續哺餵妹妹。王子麵經常會問「我可以再喝看看嗎？」但是每當媽媽點頭，他還是會選擇退開說，「其實我忘記怎麼喝奶了。」於是媽媽決定問問已經九歲半的他。

　　媽媽：「為什麼偶爾還是要問？」

　　王子麵：「因為我看妹妹吸奶，想到我以前也是這樣，很懷念也很羨慕。」

　　媽媽：「問完後又退開的決定是什麼呢？」

　　王子麵：「因為不用用喝奶來確定媽媽愛我或我愛媽媽，我知道媽媽很愛我，我也很愛媽媽。」

　　媽媽：「有想對ㄋㄟㄋㄟ說說話嗎？」

　　王子麵：「謝謝妳，給我健康，讓我每次害怕時，都感覺得到媽媽

陪著我，妹妹現在還不太勇敢，所以還需要妳，辛苦妳了。」

媽媽：「你是對ㄋㄟㄋㄟ說，還是對媽媽說？」

王子麵：「都是。」

哺乳媽媽的生理狀況與需求

最親密的小夥伴漸漸長大，邁開小小的步伐後，媽媽也要展開其他的計畫，但在歷經懷孕、生產、哺乳等各階段的變化，身體變得既熟悉又陌生。產後除了乳房，身體還會有哪些變化？若想再生一胎，需要間隔多久？懷孕後還能繼續哺乳嗎？

月經週期會影響泌乳量嗎？

沒有哺乳的媽媽，月經通常會在產後的六至八週恢復。持續哺乳的媽媽，月經恢復的時間因人而異，有些人很快，有的人會延遲到寶寶快兩歲才來。依照寶寶需求全親餵的媽媽，平均在產後十一至十三個月之間恢復。

月經週期是否影響泌乳量因人而異，臨床上偶爾會遇到經期時覺得奶量減少，而寶寶頻繁討奶的媽媽，但有些媽媽在月經週期反而容易脹奶，或是在月經要恢復前，乳頭會變得敏感。

哺乳期的避孕方法與性行為

產後何時可以恢復性行為？這是不好開口討論但很重要的話題。基本上若產後恢復良好，四至八週後要開始性行為是可行的。但別忘記這個親密行為需要兩個人都享受，所以伴侶之間需要保持良好的溝通，若還沒有準備好，不妨放慢速度、放低力道，重新磨合出彼此適合的方式，產後初期也可以準備適當的潤滑劑。

性行為的親密過程中可能會滴奶，有些家長將此當成這段期間的特殊情趣，也有些家長準備好毛巾隨手擦拭，這都可以和伴侶溝通，找出適合你們的親密模式。

哺乳期間若以下三個條件同時滿足，稱為哺乳期無月經避孕法（Lactation Amenorrhea Method, LAM），避孕的效果高達 98%，與保險套相同。但是三個條件只要其中一個未成立，避孕的效果就會下降。

1. **寶寶**未滿六個月。
2. **寶寶**未添加其他食物或飲料的情況下，不分日夜全天候哺乳。
3. 月經尚未恢復。

若不符合上述三個條件，也不想立刻懷孕的話，就會建議採取適合的避孕措施。原則上建議使用屏障型的避孕方法，例如保險套或是女用保險套，比較不會影響泌乳。若使用口服避孕藥，建議避開動情素成分

的避孕藥，因為動情素會減少泌乳量，影響寶寶的喝奶量。

人工生殖助孕可以哺乳嗎？

這是一個沒有標準答案的問題，原則上，產後建議的生育間隔期約二至三年。當然每個家庭有各自的考量，若希望盡快懷孕，還是需要與婦產科醫師充分討論後再做決定。基本上會建議媽媽能哺餵多久算多久，因為幾乎沒有婦產科醫師會建議產後六個月內開始人工生殖的療程，所以至少產後能夠純母乳哺育六個月。

當寶寶開始吃副食品之後，泌乳量自然會下降，有些媽媽的月經週期也跟著恢復，這時懷孕的機率會大幅增加。等寶寶一歲以後，母乳已不是主食，若因為人工生殖療程需要離乳，就更沒有奶量的壓力。所以還是要針對每位家長的不同需求與狀況，討論出幾個可行的方案再選擇或嘗試，比較能同時滿足寶寶哺乳與媽媽懷孕的需求。

孕期哺乳的常見考量

孕期哺乳的合併症狀中，乳頭疼痛是最不舒服的症狀。如果寶寶較大，可以請他放輕喝奶的力道。疼痛可能在第一孕期最明顯或持續整個孕期直到生產，因此有媽媽因為乳頭太疼痛而選擇孕期離乳。此外還有哪些考量及影響呢？

對媽媽的健康有影響嗎？

研究發現，由於鈣質需求非常高，媽媽的骨質密度在哺乳期間會下降，但是這結果是可逆的，在哺乳期結束後，骨質密度會回復。在健康並營養良好的媽媽身上不會出現骨質疏鬆，反之，若媽媽營養不良，加上生育間隔短暫、孕期哺乳，就可能增加骨質疏鬆的風險。所以關注的重點會是在媽媽的營養與身心健康狀況。

對哺乳寶寶的健康有害嗎？

孕期的母乳仍會提供免疫保護，但因為奶水味道及產量改變，經常導致提早離乳，對寶寶的健康較為不利。根據研究顯示，營養不良的媽媽孕期哺乳時會造成寶寶生長遲滯，反之寶寶則仍能從母乳中得到足夠的營養與免疫效益。

研究發現影響哺乳寶寶健康的可能因素包括寶寶的年齡、其他飲食，以及可獲得的母乳量，所以協助孕期媽媽找到適合自己的哺乳或擠奶方式、維持良好營養與健康，確保寶寶的營養充足，是孕期哺乳的重要課題。

會傷害到子宮內的胎兒嗎？

目前研究均指出媽媽的營養決定胎兒的成長狀況，且母體孕前的營養與胎兒的健康相關。所以重點不是孕期是否繼續哺乳或離乳，而是要請孕婦保持良好的營養，以維持自己與胎兒的健康。

有些媽媽擔心孕期哺乳會增加流產或早產的風險，由於胎兒在四十週之前，大多數媽媽子宮裡的催產素接受體仍處於不活化的狀態，所以

不太可能因為哺乳引發的催產素促進子宮收縮。

　　通常在哺乳期間能夠成功懷孕，表示持續哺乳與流產風險並無相關。唯有在高危險妊娠媽媽，例如多胞胎、經常流產，會考慮離乳以降低早產風險。

　　只要媽媽沒有禁忌症（contraindication），哺乳期間懷孕的媽媽可以自己決定要繼續哺乳或離乳，一般評估因素包括寶寶的年齡、哺乳方式、寶寶的營養與情緒需求等。建議孕期應該離乳的醫療禁忌症包括子宮出血、早產跡象，以及懷孕期間體重增加不良，若有這些狀況，泌乳顧問會與懷孕家庭仔細討論適合的離乳計畫。

　　若哺乳媽媽的懷孕過程順利，可依照自己的期望繼續在孕期哺乳，甚至在寶寶出生後繼續一大一小哺乳，但這很需要全家人的支持。孕期哺乳時建議媽媽以舒服的姿勢為主，通常這個時期寶寶已經比較大了，可以坐著、跪著或站在媽媽身邊，靠近乳房來喝奶。如果乳頭非常敏感或疼痛，也可以跟寶寶溝通減少哺乳次數與時間，或放輕力道，通常哺乳的寶寶很貼心，會願意配合媽媽的身體狀況做出改變。

◦ 如何接力哺乳？

　　接力哺乳（Tandem breastfeeding）是指同時哺餵不同年齡的嬰幼兒，也稱為一大一小哺乳。基本上根據供需原理，只要媽媽依照兩個寶寶的需求哺乳，就可以分泌出足夠的量，不用擔心奶量不足。產後奶水會轉為初乳，所以務必讓剛出生的寶寶先吸吮乳房，滿足新生寶寶的需求後，再餵較大的寶寶。

跟孕期哺乳相同，接力哺乳是媽媽可以自行選擇的，如果因為太累或其他理由希望較大的寶寶離乳，都可以透過討論，消除媽媽的迷思或罪惡感。所有的離乳原因與替代方案都應該全面瞭解後再決定，通常建議孕期哺乳的媽媽在產後持續哺乳一段時間，再讓較大的寶寶離乳，應避免在生產當下離乳，以免讓較大的寶寶在心情上受到太多的衝擊。

- 接力哺乳時不需要額外清潔乳頭，跟一般哺乳媽媽一樣，一天清潔一次乳頭即可。
- 如果寶寶有口腔皰疹病毒感染，就必須暫停哺乳。若是念珠菌感染，可以固定一人哺餵一邊乳房。

關於媽媽與寶寶的
疑難雜症

回歸日常的飲食與保養

產後再次回到日常裡的媽媽，因為生活中多了一位小夥伴掛在身上，若能有技巧地安排吃、穿、育兒動線，以及外出時的裝備，育兒生活將會更為從容。在照顧寶寶之餘，也請媽媽別忘了關注自己的內心，適當地安排一些活動讓自己透透氣，這也是健康育兒的重要一環。

● 哺乳媽媽的飲食

哺乳期間不需要攝取過多的熱量或刻意節食，建議以餓了就吃、渴了就喝、安全衛生，保持營養均衡為原則。

哺乳期間會消耗懷孕時儲存在身上的熱量，媽媽每日攝取熱量比孕前每日多五百大卡即可。若希望利用飲食控制減輕體重，建議與營養師討論可行的方法，通常在產後二至三個月，度過一開始的混亂期後，再開始控制飲食較為適合，只要操作正確並不會影響奶量，也可以較為順

利地減輕體重。

不建議斷食、節食或極端減重等方式，可能會影響健康。整天的進食熱量控制在一千五百至一千八百大卡之間，若低於一千五百大卡可能會影響奶量。理想的體重減輕範圍約每個月二至四公斤，通常加上泌乳的能量消耗、妥善控制飲食，搭配適當的運動，大部分的媽媽在產後六個月左右能回到孕前體重。

▲餓了就吃，渴了就喝，安全衛生，保持營養均衡的飲食，確保蛋白質攝取充足。

餐點營養的準備

坐完月子回家後的餐點，可以利用外送服務、請家人協助簡單備餐，或週末多煮一些平日只需加熱就可以吃的料理。由於哺乳期間肚子特別容易餓，也可準備一些隨手可得的健康零食、水果、優格等，並請

媽媽放鬆心情，保持「餓了就吃、渴了就喝」的原則，身體自然會提醒媽媽補充所需的熱量。

哺乳期間過度或限制飲食，對於奶量沒有太大的影響；泌乳造成的乳腺阻塞問題，也不會因為限制飲食就獲得解決。曾遇過一位媽媽擔心吃甜食會導致塞奶，所以刻意避開甜食，即使眼前有喜愛的甜點也不敢碰，反而造成心理上的壓力，也經常塞奶。溝通之後，建議這位媽媽若真的擔心，可以挑選喜愛的甜食，先試著少量食用，例如跟家人一同分享，或是分次享用，同時記得補充水分。這位媽媽在吃到自己喜愛的甜食後心情放鬆，加上持續穩定地餵奶與擠奶，終於理解吃甜食不會造成塞奶。

寶寶因母乳產生過敏反應時該怎麼辦？
如果寶寶因媽媽的飲食內容產生嚴重的過敏反應，例如引起血絲便或嚴重起疹子，建議媽媽先針對有疑慮的食材暫停食用。通常停止三至四天後，寶寶的症狀就會改善，等二至四週後再開始少量嘗試，並持續觀察寶寶的症狀。

有些媽媽擔心，坐完月子後，飲食不再如同月子餐那樣規劃，會使母乳的營養成分受影響，基本上輕度或中度營養不良的媽媽，其奶水的營養成分與營養狀況良好的媽媽並無差別。

若媽媽嚴重營養不良，其奶水中的脂肪會下降，但母乳中的免疫成分，例如抗體、抗發炎因子等仍會持續存在，不會因媽媽營養狀況而改變。所以無須質疑奶水的成分。如果會擔心奶水中的營養不足，表示應該更加關心母體的飲食狀況，找尋讓媽媽安心用餐、方便攝取營養的方法。

衛生福利部國民健康署所提出的「母乳哺育食物攝取建議」，可供大家參考：

- 均衡攝取六大類食物。
- 哺乳期不要刻意減重。
- 適量的豆魚肉蛋類。
- 多攝取蔬菜、水果，預防便祕。
- 每天應攝取 2000c.c. ～ 3000c.c. 水分。
- 下午四點之後不喝含咖啡因的飲料。
- 放鬆心情多休息。
- 減少或避免攝取：菸、酒、咖啡、濃茶、脂肪含量多、油炸、煙燻加工、高熱量食物。

媽媽的飲食對奶量與成分的影響

奶水總量	不會，除非媽媽是在極度缺乏營養的情況。
碳水化合物	不會。
蛋白質	不會。
脂肪	脂肪酸的內容可能不同，但總脂肪量不受影響。
細胞	不會。
免疫因子	不會。
脂溶性維生素	根據奶水中脂肪高低會有些不同。
水溶性維生素	會，如果媽媽飲食中攝取不足會造成營養缺乏（例如維生素 B12）。
礦物質	不會影響：主要養分（macronutrients）；鐵、鉻（chromium）、鈷（cobalt）。 稍微或有可能影響：碘、氟、鋅、鎂、硒（selenium）、鉛。

飲食迷思

幾乎每位哺乳媽媽都曾被叮嚀過這個不能吃或要多吃哪些食物。也有不少媽媽來詢問發奶食物，我通常會開玩笑地說，「如果吃什麼特別的食物就會發奶，我批來賣就好，不用這麼麻煩幫每對媽媽與寶寶做諮詢了。」

回歸泌乳生理，食物對奶量的影響非常有限，臨床上的經驗告訴我，媽媽的心情才是關鍵，所以如果喜歡吃的東西被限制，或是被強迫吃下不喜歡的食物，對增加奶量或通乳是沒有幫助的。而且個別差異很大，有些媽媽覺得吃到某些食物有助於發奶或退奶，在別的媽媽身上卻沒有反應。此外，每個地方的文化差異也很大，例如臺灣婆婆媽媽常說吃到韭菜會退奶，但韭菜在越南卻是發奶的食物。

缺乏實證的建議，反而會造成媽媽的困擾，媽媽為了達到通奶、發奶或減奶目的，努力限制或攝取某些飲食，結果目的尚未達成，反而挫折感更重，甚至打擊媽媽繼續哺乳的信心。

在我協助的個案中，有位被限制飲食的媽媽，初期泌乳能力很好，產後因為寶寶住在加護病房無法隨時親餵，所以到產後護理之家後，寶寶吸吮的效果不如預期，只好定時擠奶。後來還因為乳腺阻塞，痛到在產後護理之家狂哭，並委屈地說到：「大家都說我奶量很多，不可以喝發奶茶，也不能喝湯湯水水，可是我本來就很愛吃東西，也喜歡喝湯湯水水。被說不能吃的東西，剛好都是我愛吃的，而月子餐的青菜卻是我平常不愛吃的東西，但為了孩子，還是盡量吃，結果昨天什麼都吃不下，等到晚上想吃口飯，發現都已經酸掉，奶很脹卻擠不出來，但明明沒喝湯湯水水，為什麼奶還是那麼脹？」

這位吃貨媽媽被規定不能吃愛吃的東西該有多痛苦，而且沒吃那些

東西還是一樣塞奶，奶量也沒變少。泌乳量正在快速增加的情況，還是依照護理人員的建議四小時擠奶一次，即使乳房不到四小時就脹痛，依然選擇忍痛不擠，硬是等到擠奶的時間才擠，但乳腺已經阻塞，擠奶變得又痛又不順。

　　再次提醒媽媽的飲食影響真的沒這麼嚴重，想吃什麼就吃，擔心的食物一次先少量嘗試，不要暴飲暴食就好。但是一定要觀察並感受自己的身體狀況，覺得乳房脹痛就要適時地擠出少許奶水以舒緩脹痛，不可以忍著不擠奶，也不要擠過頭，使奶量居高不下。保持身心愉快放鬆，奶才會順順的，奶多沒什麼好怕的，奶不通才麻煩。爸爸要負責讓媽媽保持愉快的心情，讓她吃喜歡的食物，奶就會順順的，因此我會跟想調整奶量的媽媽強調以下幾點：

1. 心情的影響比食物大得多。如果是媽媽喜歡的食物，試試看也無妨，說不定對你會有效，但若是打心底不喜歡也沒興趣，就算了吧！

2. 身體會給你答案。如果想試試看又有點擔心，可從小量開始嘗試，觀察身體對這種食物的反應。

3. 找出反覆阻塞的原因才是根本。有些媽媽陳述自己吃了某些特殊食物，例如炸雞、蛋糕、鮮奶茶等就會塞奶，其實這些食物只能說是「壓垮駱駝的最後一根稻草」。我更建議媽媽找泌乳顧問評估自己的哺乳或擠奶方式，找出反覆阻塞的原因徹底改善，比一味忌口更能解決阻塞的困擾。記得，我們要拯救過勞的駱駝，而不是只在意那最後一根稻草。

可以喝酒或咖啡嗎？

　　雖然哺乳期間想吃就吃，想喝就喝，但由於酒精及咖啡因會影響寶寶的腦部發育，若吃到含有酒精的食物或很想喝咖啡的時候，要怎麼辦？

食物含有酒精

　　酒精對嬰幼兒的腦部發育有害，所以懷孕期間的媽媽不宜飲酒，而生產之後因母乳中的酒精濃度與血液中的酒精濃度成正比，哺乳期間最好避免攝取酒精。若食物中含有少許酒精，以及需要少量飲酒時，請在飲用前哺乳、擠奶，或者喝完的兩小時後再哺乳。

　　哺乳媽媽的酒精攝取量建議以體重為標準，每天每公斤不超過〇・五公克，若以一般常見的酒類為例，媽媽體重五十公斤，一天啤酒（5%）不要超過六百毫升、紅酒（14%）二百二十毫升或烈酒（40%）七十五毫升。若超過上述建議量，暫停哺乳一段時間，例如飲酒當日的晚上先不親餵，瓶餵之前擠出的母乳或配方奶等第二天清醒後再哺乳，也是臨床上常見的選擇。

以飲用酒精濃度 5% 的啤酒為例，飲用量的推算方式如下：

媽媽體重為 50kg

每日酒精攝取限制為 25g（0.5g×50=25g）

飲用酒精濃度 5% 的啤酒（每 100cc 的酒精含量為 5cc）

每日飲用限制：

5c.c.×0.789 g/cm³=3.945g

25g÷3.945g=6.337（份）

100c.c.×6.337=633.7c.c.

＊酒精的密度 0.789 g/cm³

含咖啡因的食物

　　咖啡因對嬰兒發育中的腦部會造成過度刺激，越小的嬰兒代謝咖啡因的速度越慢，通常建議等到寶寶滿兩個月大，媽媽再接觸咖啡。泌乳媽媽一天攝取咖啡因的量最好控制在兩百毫克以下，目前臺灣消保處將現煮咖啡依照每杯咖啡因含量分為紅色、黃色與綠色，紅色代表每杯咖啡因總含量兩百毫克以上，黃色代表每杯咖啡因總含量一百至兩百毫克，綠色代表每杯咖啡因總含量一百毫克以下。

　　所以泌乳期間若想來杯咖啡，請媽媽一天不要超過一杯咖啡，選擇黃色或綠色標示的咖啡較為適合，且盡量在白天喝，以免晚上寶寶喝了含有咖啡因的奶水太興奮，造成大人、小孩都睡不著覺。喝完咖啡一到兩小時，體內咖啡因達高峰值，奶水中的咖啡因濃度也較高，如果想避免寶寶接觸太多咖啡因，建議哺乳後再喝咖啡，喝完的兩小時後再哺乳，可以減少寶寶接觸咖啡因的量。

認識咖啡因標示

	標準
紅色	咖啡因含量 200 ～ 300 毫克或 300 毫克以上
黃色	咖啡因含量 100 ～ 200 毫克
綠色	咖啡因含量 100 毫克以下

· 根據歐盟食品科學專家委員會評估，咖啡因每日攝取量建議在 300 毫克以下。
· 衛生機關配合行政院消費者保護處輔導現煮咖啡業者以紅黃綠標示區分咖啡因含量。

◖ 哺乳期的衣著

不同階段孕期及泌乳期的乳房尺寸變化大，但每位媽媽的情況不完全相同，我建議乳房開始變大時，更換比原本尺寸大一至兩個罩杯的內衣，讓乳房有支托但不造成壓迫。

產後初期，因產後乳房腫脹期不適合穿內衣，加上需要頻繁哺乳，內衣反覆開合也很麻煩，所以這個時期最實穿的會是哺乳睡衣，寬鬆的睡衣能避免壓迫乳房，也不會摩擦乳頭。滿月之後，媽媽與寶寶在哺乳的磨合上已漸入佳境，乳房尺寸也較為穩定，可適情況添購適合的內衣。

市面上有許多哺乳內衣及哺乳衣，每位媽媽不妨依照自己的身形、泌乳狀況與生活需求選購，也有些媽媽以原本的衣物度過哺乳期，只要媽媽覺得好看，並方便哺乳、擠奶使用，便是好的選擇。

哺乳內衣通常不需要解開內衣背扣即可露出部分乳房，方便隨時哺乳或擠奶，並可以快速恢復原狀。市面上也有將吸乳器的喇叭罩固定在乳房上的免手持內衣，可以解放媽媽的雙手。也有媽媽選擇不穿內衣、用一般運動內衣或是原本的內衣代替。不論有無鋼圈的內衣，請媽媽穿上後要舒服有支撐，但又不會壓迫乳房組織。

- 尺寸：比原本尺寸大一至兩個罩杯，兩邊乳房不一樣大時，請以乳房較豐滿的一邊為主。
- 試穿：若不能試穿，也要考慮是不是能退換貨。
- 數量：乳房的尺寸還不穩定，不用一次買太多，添購該階段足夠換洗的量即可。
- 材質：媽媽在孕產及哺乳期間比較怕熱，盡量挑選吸濕排汗的材質。

市售哺乳衣，多在胸部附近做了隱藏式開口的設計，方便媽媽哺乳或擠奶時只需要露出部分乳房，並具備遮蔽視線與保暖的效果。媽媽可根據自己的預算、喜好挑選喜愛的款式。

網路上也有自製哺乳衣的方法，媽媽們可挑選自己喜愛的衣服自行改造成哺乳衣，例如一般大領口的 T 恤、小可愛搭配開襟外套、略為寬鬆的衣服等也很適合在哺乳期間使用。

為避免奶水流出弄濕衣物，可搭配使用溢乳墊或紗布巾，保持乳頭乾燥。溢乳墊只要濕了就應該更換，如果乳頭皮膚很敏感或有輕微受傷時，暫時不要穿內衣，考慮以毛巾接住流出的奶水。

舒適自在的哺乳與育兒動線

照顧嬰幼兒有許多瑣碎的工作，若能事先準備好育兒及哺乳所需的東西，規劃出順暢的動線，媽媽就能省下許多時間及心力，從容地與寶寶互動。

舒服的哺乳位置

產後初期的哺乳時間約占一天的七至八小時，所以舒服的哺乳位置（breastfeeding corner）對媽媽很重要。建議媽媽白天在這個位置哺乳，午睡或晚上睡覺時則在床上餵奶，如此能讓寶寶區分出白天與夜晚的節奏。

哺乳角落不用很大，空間允許的話，最好能有一張有扶手及靠背的椅子，接著將哺乳所需要的物品預先放在隨手可得的位置，例如哺乳需要的枕頭、手機、遙控器、想看的書、想吃或想喝的東西，以及衛生

紙、紗布巾、毛巾等，即使坐在這裡哺乳三十至六十分鐘，也能感到舒服且放鬆。

如果媽媽只能在床上餵奶，試著在白天坐著餵，晚上躺著餵，但後背要靠著床頭櫃或牆壁，墊著靠枕或枕頭讓自己舒服一點，避免坐在床邊以背部懸空的姿勢哺乳。若房內空間足夠，可以在床邊放一張有靠背的椅子，例如電腦椅或餐椅，媽媽坐在椅子上，腿跨放在床上，需要時可以搭配哺乳枕或枕頭，會比一直坐在床上舒服。有些媽媽則直接鋪軟墊坐在地上哺乳，尤其是雙胞胎媽媽，可以有比較寬敞的空間，操作起來比較方便。

只要媽媽與寶寶舒服且安全，可依照自己的居家環境選擇並調整。如果是哺餵第二個或以上的孩子，身邊可以安排大寶的活動空間，哺乳的同時，還能陪大寶看書或遊戲，讓哺乳小寶寶很自然地融入生活，也不會有顧此失彼的感覺。

規劃從容及安全的育兒動線

嬰幼兒的用品很多，若是不事先準備好放在一處，容易在要用的時候找不到，搞得爸媽手忙腳亂，尤其遇上寶寶大便要換尿布時會更慌亂。建議預先思考家裡的動線，演練好照顧的大小事，例如更換尿布及衣服、水洗屁屁和洗澡等，把會用到的衣物或工具都放在附近。

若有準備尿布台或尿布車，建議把尿布、衣服、濕紙巾、紗布巾和屁屁膏等物品統一放在尿布台附近，如此只需把寶寶抱到尿布台，或是把尿布車移動到寶寶附近，就能一次搞定。

此外，幫嬰幼兒的洗澡步驟較多，如果冬天怕冷到寶寶，不妨在洗

澡前就準備好尿布、衣物等用品。

安全也是要注意的部分，通常三、四個月大的寶寶活動力會快速增加，有些已經會自己改變姿勢，甚至翻身，這時要小心跌落，務必讓嬰兒待在有圍欄的空間或是柔軟的地上。家裡的櫃子或抽屜要加裝安全鎖，不要用桌巾、家具，角落要有防撞措施，危險物品與藥物要收好放在高處，還有插座要裝上安全裝置。等到寶寶會爬、會站、會走之後，對任何東西都感到好奇，這個時期的寶寶真的很可愛，但也是危險的人物，不得不留意生活空間的安全性。

育兒的好幫手

帶寶寶出門時，若能準備推車及背巾，可幫爸爸、媽媽省下不少力氣。如果是開車出門的家庭，也別忽略寶寶行的安全，一定要選擇並安置有合格標章的安全座椅，千萬別為了省錢或因為覺得麻煩，而省了生命安全。

不同階段要有的安全座椅
- 嬰兒用平躺式安全座椅（含提籃式）：適用於零至一歲，或體重十公斤以下的新生兒及幼兒。
- 幼童用安全座椅：適用於一至四歲，或體重十至十八公斤的幼童。
- 學童用安全座椅與增高型座椅（搭配車上安全帶使用）：適用於四至十二歲，或體重十八至三十六公斤的學童。
  ＊若知道體重的情況下，以體重為判斷基準。

購買安全座椅也要瞭解其正確的安置方式，隨著寶寶年紀、體重的增長，座椅的方向可從面後式轉為面向前方。為了保障幼童在每個階段的乘車安全，也需要依照年齡及體型更換不同形式的安全座椅。

針對幼童專用車座椅，依交通部〈小型車附載幼童安全乘坐實施及宣導辦法〉有相關規定如下：

- 年齡在兩歲以下者，應安置於車輛後座之攜帶式嬰兒床或後向幼童用座椅，予以束縛或定位。
- 年齡逾兩歲至四歲以下且體重在十八公斤以下者，應坐於車輛後座之幼童用座椅，予以束縛或定位，並優先選用後向幼童用座椅為宜。
- 年齡逾四歲至十二歲以下或體重逾十八公斤至三十六公斤以下之兒童，應坐於車輛後座並依汽車駕駛人及乘客繫安全帶實施及宣導辦法規定使用安全帶。

善用背巾與推車空出雙手

若是在家附近活動，不一定需要開車，但一直用手抱也承受不了寶寶的體重，這時可以考慮使用推車或背巾，搭配大眾運輸工具帶著寶寶到處趴趴走，把育兒生活過得精彩又充實。

嬰兒背巾的款式很多，可根據嬰幼兒的月齡、體重、發展狀況，以及爸媽的體型、偏好與預算來挑選。建議直接到店家試背後再購買，或是找背巾輔導員協助爸媽找出適合的背巾與用法。善用背巾空出雙手，可降低手臂及手腕的負擔，也可以做家事或是陪大寶玩，是育兒的好幫手。

我認識一位超強媽媽把推車當戰車用，將一天要用到的東西全都放在推車上，寶寶還不太會走就天天帶出門遊玩放電，她說家裡空間小，

如果不出門放電，活動力超強的寶寶晚上根本不睡覺。

　　據我所知，通常爸爸對於選購推車很感興趣，就像自己要買車一樣，會去比較品牌、性能、CP 值等，但往往忘了考慮實際使用者是誰。曾經遇過一位爸爸買了一台又大又穩的推車，但只要遇到上下階梯，媽媽完全抬不動，最後只好再買一台輕便型的讓媽媽容易使用，所以建議選購推車時，務必符合實際使用者的身材、力氣與偏好，以及考量住家附近有沒有無障礙設施，若沒有可能就不適合太重的推車，以免遇上階梯就動彈不得。

　　提醒大家，四個月以下的寶寶需要平躺在推車上，四個月以上的寶寶可以上半身立起來一點，且寶寶只要坐在推車上就要繫好安全帶。

● Me Time：我的專屬時間

　　在媽媽的哺乳日常生活中，最容易被忽略，卻又是超級重要的，便是自己的心理健康。即使再怎麼忙碌，也請適時保留獨處的時間，找出放鬆身心的方法，例如養成運動習慣，適當安排 Me Time，參加哺乳支持團體等，這會是哺乳育兒生活持續下去的重要關鍵，希望媽媽們重視並規劃在生活中。

養成運動習慣

　　運動對於孕婦及產後媽媽是很重要的，不僅增加新陳代謝、活動筋骨，更有放鬆與穩定心情的效果。

　　產後身材恢復也是媽媽們很在意的主題，建議從產前就養成運動的

習慣，有助於維持健康與生產順利。產後只要身體復原良好，就可以依自己的狀況多活動，如同懷孕期間的運動。

開始運動時，需要依照身體的變化調整運動模式或負重能力。市面上有許多從懷孕到產後的運動及訓練課程，如果擔心受傷，可以與專業教練討論適合的訓練，或是先從強度較低的運動開始，突然大量且高強度的運動，反而容易受傷。

- 產後兩個月內：可以從上半身的伸展運動開始，例如擴胸運動、手臂繞圈、用手推牆與肩頸運動等。
- 產後兩三個月以上：若沒有產後併發症，通常可以逐漸回到原本的運動習慣，例如跑步、游泳、重訓、有氧運動或瑜珈等。

在生活中與孩子一起運動也是很好的方法。寶寶從軟趴趴地躺著，逐漸地學會翻身、爬、站、走等動作，都是從核心肌群開始，再到四肢協調的運動整合過程。

不妨跟著寶寶一起趴在地上，練一下棒式和超人式，訓練核心肌群，或是跟著寶寶一起爬、蹲下，再站起來，都會是很好的運動。重點是要養成運動習慣，剛開始也不要設定太遠大的目標，通常從一天一至兩次，一次五至十分鐘就好，等習慣後再慢慢增加運動強度及時間長度。就像喝母乳，有喝有保庇，運動也是有動有保庇，長期累積下來的健康效益是很可觀的。

適當安排 Me Time

　　初為人父、人母時，生活重心多放在新生兒身上，從磨合到上手需要花費許多時間與精力，等到與寶寶的默契逐漸形成，日子就會比較游刃有餘。

　　此時建議主要照顧者特意安排屬於自己的 ME TIME，時間不用長，也許每週一至兩次，也可以是每天十五至二十分鐘，用來放鬆或做自己喜歡的事。這段時間請將寶寶交由其他家人或保母照顧，若出現難分難捨的情況，其中一方可以先離家，盡可能專注於當下要做的事。

夫妻溝通好彼此的 ME TIME，輪到自己就把孩子交給另一方

　　剛開始會放不下是正常的，記得寶寶需要跟其他人相處，自己需要獨處的時間。無需一次挑戰太長的時間，先從短時間開始，也盡量讓寶寶先喝飽再交由另一方照顧。負責照顧寶寶的那一方，就要把這個時段負責好，專心跟寶寶相處，即使不熟悉也要盡量努力練習，給寶寶滿滿的安全感，漸漸地寶寶就會習慣不同的照顧者。

ME TIME 不是偷懶，而是必要且重要的專屬放鬆時間

　　學生有下課時間，上班也需要休假，若爸爸、媽媽都不能休息，其實就像繃緊的橡皮筋，容易彈性疲乏，影響平時的狀態。

　　有些媽媽在產後初期全心投入育兒，即使有 ME TIME 也不知道該做什麼好，以下提供三個建議給媽媽們參考：

• 靜下心來專心地呼吸。專心地吸氣與吐氣，搭配平靜的音樂，讓腦袋放空，不特別思考，也不刻意避免想事情，通常五分鐘左右，心情就

能平靜下來。

- 做一些產前會做，但產後沒做的日常小事。例如上菜市場、去健身房、聽音樂、看電影、閱讀或手工藝等，盡量選擇短時間內可以完成的小活動，才不會因為時間不夠而中斷，徒增遺憾。

- 找親朋好友或哺乳夥伴聊一聊。有些自我要求很高的媽媽經常忘記求救的重要性，等到身體很不舒服或是乳房已經出了狀況，才驚覺承受太多壓力。尤其新手上路的階段，經常自我懷疑或煩惱各種大小事，最能解開這些懷疑和煩惱的方法就是跟其他擁有類似經驗的媽媽們談談，通常會發現原來大家都有類似的煩惱，原來當父母就是這麼不容易，原來不是自己錯了什麼，而是大家都有這些磨合期的挫折感與困擾。

　　最後鼓勵所有哺乳媽媽找到自己的哺乳夥伴，找時間參加哺乳支持團體，透過同儕的支持與分享獲得力量，繼續哺乳育兒的生活。因應新冠肺炎（COVID-19）疫情期間，有些哺乳支持團體改為線上舉行，不論是現場或線上，透過交流心情與經驗，通常都能藉此充飽電。

　　我經常在團體裡看到原本需要被安慰及鼓勵的媽媽，經過數週或數個月的調適，反過來成為安慰鼓勵別人的學姊，真的很讓人感動，希望家長們能透過互相支持分享，度過磨合期，享受自己的哺乳育兒生活！

特殊狀況的哺乳協助

未曾經歷孕產的女性也能夠泌乳嗎？離乳後的媽媽有可能再次湧出奶水嗎？媽媽的乳頭問題造成寶寶含乳不順，是不是就沒機會哺乳呢？面對哺乳時的不愉快反應該怎麼辦呢？以下就來聊聊這些不常見，卻有可能出現的情況。

● 再度泌乳與誘導泌乳

女性不一定得要經歷懷孕與生產才能泌乳，只要有寶寶持續吸吮乳房或是持續頻繁擠奶，身體都可以泌乳，這就是再度泌乳與誘導泌乳的原理。利用吸吮建立奶量，若經歷過孕程，稱為再度泌乳，若不曾懷孕，則稱為誘導泌乳。

有些媽媽離乳後沒多久就反悔了，希望再次哺餵寶寶，只要寶寶願

意頻繁地吸吮乳房，再搭配促乳藥物，通常可以很快地提升奶量，這也是比較容易執行的再度泌乳。

在南亞海嘯發生時，有些寶寶突然成了孤兒，由阿姨或阿嬤撫養，這些阿姨、阿嬤讓寶寶吸吮自己的乳房，讓寶寶持續喝到母乳，撐過嬰兒時期，這也是可能的再度泌乳情形。

有些媽媽領養年齡較小的寶寶，或是撫養由代理孕母生下的寶寶，利用吸吮乳房，並配合荷爾蒙與促乳藥物，建立泌乳量。

雖然都不是常見的狀況，但並非不可能達成的目標，如果家長有再度泌乳或誘導泌乳的需求，建議找泌乳顧問仔細評估與討論，達成自己心中的哺乳目標。

利用哺乳輔助器補充奶水

再度泌乳、誘導泌乳或是協助媽媽利用吸吮乳房增加泌乳量時，我們經常使用哺乳輔助器，在哺乳的同時補充配方奶。在媽媽奶量尚未達到寶寶需求時，勢必需要補充配方奶，以免寶寶餓到或是脫水，這時使用哺乳輔助器的好處是，增加寶寶吸吮乳房的時間，在補充奶水時不需要使用奶瓶餵食。有些寶寶習慣奶瓶的大流速，在練習親餵的初期也可以加上輔助器，增加寶寶吸吮乳房時的流量，讓寶寶越來越習慣親餵，不需要一直依賴瓶餵。

哺乳輔助器有市售的版本，但臨床上我們更常自製，主要利用一條嬰兒使用的五號鼻胃管，配方奶可以裝在奶瓶或是杯子裡，有栓子的那端放進配方奶中，管子的尖端則放在乳房上，跟著乳頭、乳暈一起被寶寶含入口中，所以寶寶吸吮乳房時就會同時吸到管子裡的配方奶。

誘導泌乳時，建議一開始含乳就放好管子，讓寶寶透過吸吮乳房喝到奶水。希望增加奶量時，通常會讓寶寶先將兩邊的乳房吸到軟奶，再從寶寶的嘴角位置放入管子，可以增加寶寶吸吮乳房的時間。

　　至於要使用多久則因人而異，有些媽媽不習慣使用輔助器，嘗試一陣子之後還是選擇以奶瓶補充餵食；有些媽媽使用輔助器後，順利增加奶量，過了幾週不再需要補充配方奶，便可停止使用輔助器。還有些媽媽利用輔助器補充了奶水，過程中嘗試減少配方奶卻效果不佳，所以持續使用至寶寶開始吃副食品，等到寶寶副食品越吃越好、越吃越多，便可以取代配方奶，持續親餵母乳與進食副食品，持續哺乳到自然離乳。

　　以上都是臨床常見的狀況，也都是家長可以參酌的。重點在於使用輔助器的過程需要持續追蹤，確認媽媽與寶寶使用的狀況是否良好，需要減少或維持。

　　不過輔助器只能使用在會吸吮、願意吸吮的寶寶身上，如果寶寶吸吮狀況不良或是不願意吸吮乳房，就無法使用哺乳輔助器了。所以建議想要使用哺乳輔助器補充奶水的媽媽，都應該先找人評估哺乳狀況，再經指導後使用，並持續追蹤使用狀況直到穩定為止。

🌢 乳頭太大或凹陷的哺乳選擇

　　偶爾會遇到媽媽的乳頭真的太大，寶寶在剛出生時不容易含上。建議媽媽不要因此放棄哺乳，不妨在寶寶還小時，先利用擠奶建立並維持奶量，且經常做肌膚接觸讓寶寶嘗試含乳。別忘了寶寶成長的速度很快，體重三公斤時含不上乳房，說不定長到四公斤就能夠含上，請媽媽

對自己和寶寶有信心，一開始含不上不代表以後也含不上。

當寶寶還沒辦法含上乳房時，可以考慮以手指餵食，用家長最粗的手指頭配上管餵，讓寶寶習慣嘴巴張大含乳。用奶瓶餵食時，也記得利用主導式瓶餵，盡量讓寶寶張大嘴巴，這對未來含上媽媽乳房很有幫助。

臨床上經常有媽媽擔心，乳頭太凹或太平會影響寶寶含乳，但請記得寶寶是含住乳暈，而非只含住乳頭，所以乳頭的形狀只是參考，乳暈的柔軟度及延展度才是影響寶寶能否順利含乳的重點。柔軟的乳暈有助於寶寶正確將乳房含入口中吸吮。這也是產後即刻肌膚接觸並開始哺乳的重點之一。

我常開玩笑的說，「對寶寶而言，你就是唯一」。寶寶不在乎媽媽的乳頭形狀是短是長，是平是凸，只要在適應練習後能順利含上，就是在哺乳期唯一需要適應的乳頭。所以與寶寶從產後就開始練習哺乳及培養默契，是順利哺乳的重要關鍵。

若媽媽的乳暈延展度不理想，可利用擠奶建立並維持奶量，有些媽媽使用一段時間的吸乳器後，乳暈的延展度漸漸變好，原本含不上乳房的寶寶就可以含上了。

只有很少數的媽媽乳頭是真的凹陷，連寶寶吸吮和利用吸乳器都沒辦法延展出來，這時可以考慮是否繼續擠奶，或是漸漸減少擠奶到離乳。曾遇過某位媽媽跟我說自己的乳頭凹陷，但擠奶算順利，三胎都擠奶瓶餵到一歲左右，真的很厲害也很佩服她的毅力。

媽媽可以依照生活方式與家庭支持系統決定繼續擠奶或漸進式離乳，通常會建議保留一天一、兩次的擠奶就好，量不用很多，就算只

有喝到一點點母奶，也可以提供寶寶抗體與免疫因子。等到寶寶慢慢長大，或是擠奶越擠越少時，就可以順勢停止擠奶。

◉ 哺乳的不愉快反應

哺乳時，腦部釋放的催產素會引起排乳反射（MER），讓奶水自然流出，也讓媽媽的心情愉悅放鬆。但在極為少數的媽媽身上，排乳反射反而引起不愉快的生理反應，例如頭暈、頭痛、噁心、嘔吐、背痛，或是全身痠痛等症狀，這些稱為哺乳的不愉快反應（Dysphoric Milk Ejection Reflex, D-MER），原因尚不明確。臨床上偶爾會遇上餵奶或擠奶時特別覺得不舒服的媽媽，我也遇過擠奶後，媽媽頭暈到無法走路，躺著休息半小時才能恢復正常的狀況。每位媽媽對 D-MER 的接受程度大不同，有些媽媽理解自己的身體反應比較明顯，盡量讓自己在放鬆的情況下哺乳，雖然偶爾會出現 D-MER 的症狀，但不影響哺乳；有些媽媽則覺得這些症狀太過於困擾，因此不想繼續哺乳或擠奶，選擇漸進式離乳。 總之，若哺乳期間出現不舒服的症狀，不妨與泌乳顧問聊一聊，找出可能的原因，也試著找出適合自己的哺乳與擠奶生活。

建立寶寶的生活作息與睡眠型態

不論是剛從醫院或是月子中心回家的新手爸媽，都會被新生寶寶的日夜不分嚇到，甚至懷疑寶寶生病或哺育方式有誤。建議家有新生寶寶的爸媽，事先認識寶寶每個時期的睡眠特性，遇到後才不會手忙腳亂，也能更淡定地面對這些混亂。

● 新生寶寶的睡眠特點

新生寶寶的睡眠時間比成人多，一日平均有十六至十八小時在睡覺。但千萬不要有錯誤的期待，以為寶寶進入睡眠狀態後就能睡得又沉又長，而想要在這段期間做很多家事或是追很多劇。

相較於成人的睡眠週期，新生寶寶的睡眠有三個特點：週期短、淺睡多、深睡少。

足月兒的睡眠週期大約是五十至六十分鐘，其中約有二十至四十五分鐘是淺睡期（占 45% ～ 50%），只有十至二十分鐘是深睡期（占 10% 至 20%）。而成人的睡眠週期約是九十至一百一十分鐘，淺睡期約占 20% ～ 25%，深睡期約占 75% 至 80%。簡而言之，就是新生寶寶每次睡眠時間不長，需要經歷較長的淺睡期才能進入深睡期，然而深睡的時間很短，一下就回到淺睡期，有可能需要安撫後才能再次進入深睡。通常這種情況家長會說「寶寶背上長刺」或「寶寶背後有開關，一碰到床就醒來」等。

　　若將處於淺睡期的新生寶寶放在床上，是很難自行入睡的，通常還需要進行適當的安撫，哄至深睡期才能放回床上。然而深睡期只有十至二十分鐘，所以可能五至十分鐘後，寶寶就又進入淺睡期，甚至不小心就醒過來。許多家長不瞭解新生寶寶的睡眠特性，覺得花了很長的時間好不容易將寶寶哄睡，才剛放回床上，廁所都還沒上完，就聽到寶寶醒來的聲音，而感到非常崩潰。

　　如果事先就預期可能有這種狀況，崩潰的程度或許會少一點，頂多覺得「果然抽到需要安撫的寶寶了」，而不會怪罪自己或寶寶。值得安慰的是，寶寶自我安撫的能力會漸漸增加，睡眠狀況也會越來越穩定，所以初期的辛苦只是過程，家長不要太緊張。

寶寶的天生氣質與睡眠

　　當然也有很好入睡，且不太需要安撫的寶寶，但這與其天生的個性及氣質有關，所以寶寶好不好安撫，只能說是「抽籤」的結果，如果抽到「黏黏寶」，就請接受他們的敏銳與需要安撫的特性，並磨合出適切

的安撫模式，若是抽到「隨和寶」，也請練習觀察寶寶的需求，避免因為寶寶很配合，就一切按表操課，忘記安撫與互動也需要隨著寶寶的成長階段有所調整。

臨床上經常被問到，太常抱抱是不是會寵壞寶寶，通常我的回答都是，需不需要抱是「抽籤」的結果，有些寶寶很需要抱抱的安撫，但有些根本不太需要抱，所以請家長認命比較重要，寶寶會給你答案。

無論抽中的是「黏黏寶」或「隨和寶」，請家長在滿月後預留二至四週的時間，與寶寶一起適應生活作息，同時磨合出適合的安撫方式。另外也請記得，寶寶對於每次環境的改變，都需要時間重新適應，假設媽媽離開月子中心後，先回到娘家，再回自己家，寶寶就需要先適應娘家的環境，接著改為適應自己家的環境，所以請媽媽每次改變環境都要保留一至二週的適應時間，且剛轉換環境時也請多預備一些人手，或是把計畫排鬆一點，保留多一點彈性與休息時間，這也是避免家長崩潰的重要準備。

「訓練」新生寶寶睡過夜？

很多家長希望「訓練」新生寶寶睡過夜，但請先瞭解「嬰兒睡過夜」的定義是一天有一次可以熟睡四到五小時，且不太需要安撫，也不會起來喝奶。然而比較麻煩的是，這段長睡眠的時間不一定在晚上，如果寶寶在下午或傍晚睡飽後，可能在半夜張著眼睛，需要睡眼惺忪的家長餵奶或陪玩，那真的很心累。

所以將寶寶的長睡眠時間調整到晚上，配合成人的睡覺時間是比較簡單可行的做法。建議產後身心狀況穩定後，開始建立親子默契與日夜

規律，在彼此熟悉的過程中，讓新生寶寶知道這個世界有日夜之分。

　　一般來說，如果家裡作息穩定的狀況下，寶寶大約會在二至四個月大時，建立起日夜規律。常見作息大約是晚上九點入睡，半夜約需要兩到四次不等的小安撫，且安撫後很快就又入睡不會真的醒來，直到隔天早上八、九點才會真正清醒與大人互動，且喝奶後也不一定立刻睡著，甚至會需要一些玩樂的時間，約一至三小時後才會再度想睡覺。

　　每個寶寶在白天小睡的時間及次數都太不一樣，通常一天會小睡三至四次，每次約四十至九十分鐘，但每天可能有一些差別，寶寶越小睡的次數越多，時間也較長，然而隨著寶寶的成長，睡覺的次數及時間會慢慢減少，通常一歲的寶寶會在白天小睡一到兩次，晚上只需要幾次的小安撫就能好好睡覺。

◐ 引導寶寶適應成人生活作息的方法

　　與其說「訓練」寶寶睡過夜，不如說引導寶寶適應成人的生活作息，逐步建立親子默契。

白天開燈，晚上關燈

　　這個步驟是要模擬大自然的環境，有日出日落的自然規律。所以白天請將燈開啟，也拉開窗簾讓陽光進入室內，或是帶寶寶在陽台、庭院曬曬太陽，讓寶寶知道現在是白天。當太陽下山後，或是入睡前關燈，讓家裡進入晚上的環境。此外我個人不建議開夜燈，如果真的有需要也請將燈光擺在地上，盡量是寶寶看不到的地方。

剛開始控制燈光時，家長會問半夜如果要餵奶或換尿布怎麼辦。建議開一下小燈或手電筒，處理完就關燈。在寶寶日夜規律之後，半夜就不太需要換尿布，若是要餵奶，理論上不需要開燈也能做到，家長可以練習看看。

白天多活動，晚上多安撫

這個步驟是用日常活動讓寶寶知道白天與晚上的差別，例如白天會有車聲、說話聲、電視廣播聲或是日常炒菜等生活的聲音。不需要因為寶寶在家裡，就刻意保持超級安靜。當然不是在寶寶睡著時故意吵鬧，而是保持一般生活中的聲音，讓孩子習慣白天與夜晚的差異。

晚上關燈後就請盡量保持安靜，初期寶寶會在晚上起來哭鬧，或是睡不著是正常的。建議家長保持關燈狀態多安撫寶寶，在黑暗中餵奶、給安撫奶嘴、拍拍、抱抱、搖搖或抱著走動等，總之不要開燈陪玩，讓寶寶知道晚上就是只能很無聊的被安撫，過一陣子就明白白天才有人陪玩，晚上只能乖乖睡。

也可以用不同的活動或空間讓寶寶感受白天與夜晚的不同，例如白天起床後就讓寶寶換穿褲裝、在客廳或庭院裡等外部空間互動、讓孩子在清醒時練習趴著玩（tummy time）、多跟孩子說話、唱歌、跳舞或共讀；入睡前幫寶寶洗澡後穿上睡袋、待在房間裡、幫寶寶按摩、聽輕柔的音樂或共讀、關燈或昏暗的燈光。慢慢孩子就會習慣白天晚上的差異，會在晚上睡得較熟，白天則是活動為主搭配小睡的模式。

睡前三至四小時，小睡時間要縮短

通常寶寶進入長睡眠之前，會維持一段比較長的清醒時間。因此睡前會比較焦躁，可能比白天的小睡更不容易安撫，或是需要更長的安撫時間。我通常將這樣的狀態解釋為「關機有困難」，因為寶寶在一整天的活動中接收了很多刺激，入睡前需要更多整合的時間，讓這些新的刺激在大腦中好好被消化吸收，是寶寶成長發育必經的過程。

如果希望寶寶晚上九點入睡，建議睡前三至四小時內不要睡太多，也就是傍晚五至六點以後不要讓寶寶睡太長的時間，即使不小心睡著，也請在半小時左右就刻意叫醒。

最後建議可以養成固定的睡前儀式，例如洗澡、按摩、共讀、聽音樂或餵奶等。透過睡前儀式讓寶寶熟悉家長提供的安撫步驟，每天重複同樣的方式讓寶寶習慣且放心，最後產生連結。例如寶寶每次洗澡完，就會被按摩，接下來爸爸媽媽會讀繪本給他聽，也會餵他喝奶，最後他會很想睡覺也會有人拍著他入睡，穩定的方式讓孩子有期待，也更能配合家長的睡前安撫節奏。

現實中有個常見的誤區，大部分家庭的傍晚時分，是回家吃晚餐團聚的時刻，下了班的阿公、阿嬤回到家，一抱到嬰兒就很開心，便拚命地哄睡，享受這種成就感。於是，一個換過一個地抱，嬰兒在家人身上睡得很開心。等到阿公、阿嬤要睡覺了，寶寶也就醒來睡不著了。這時候千萬不要跟阿公、阿嬤吵架，因為有人幫忙抱小孩真的超級重要，請跟長輩們講好，半小時後就要把寶寶叫醒，餵飽後也請大家輪流陪寶寶講話、唱歌，甚至協助洗澡、共讀或按摩等睡前事項，最後再用寶寶最愛的餵奶安撫，讓寶寶開心又飽足地入睡。

建立日夜規律的三個步驟

1. 白天開燈，晚上關燈。

2. 白天多活動，晚上多安撫。

3. 睡前三至四小時，小睡時間要縮短。

以上這三個步驟都很溫和，不會破壞親子關係。通常寶寶會在兩週左右漸漸進入有日夜的作息。晚上可能還是會醒來，但只要短暫地安撫就能再睡著，不會清醒找人陪玩。

找出適合的安撫與睡眠模式

夜間的小安撫可以依照自己與寶寶的喜好，找出最能融入生活的方式。通常哺乳媽媽會發現，夜間直接哺乳是最不費力的安撫方式，尤其是躺餵的方式，當寶寶需要安撫時，只要翻個身就能搞定，且還能繼續休息。當然拍拍、搖搖、哄哄、給安撫奶嘴或瓶餵也是安撫的方式，只要家長與寶寶都能接受就是好方法。

還有一個重點是，請家長評估自己的睡眠型態，有些家長是好睡型的，即使被吵醒也能隨時睡回去，但有些家長是不容易入睡型的，若被吵醒就不太容易再入睡。特別想提醒不容易入睡的家長，請務必把握寶寶剛入睡的時間跟著孩子一起睡，這一段時間孩子通常會睡得較熟，大約能維持四至五小時，成人若能睡到四至五小時，休息的效果就會很不錯。之後寶寶可能每兩到三小時需要一次安撫，若利用躺餵安撫或是其

他家人代勞安撫，媽媽也可以爭取較多的休息時間。臨床上常見的狀況是，家長好不容易哄睡寶寶後，就開始做家事或自己的事（熬自由），等到忙完想去睡覺時，寶寶已經進入頻繁討安撫的時間，因此總覺得自己才睡兩到三小時就被寶寶吵醒一次，對於不容易入睡的人真的滿痛苦。所以請家長先評估自己的睡眠型態，再決定利用哪些時段當做自己的自由時間，才不會因為半夜熬了太多自由，讓自己睡眠不足。

認識安全的寶寶睡眠環境

重視寶寶安全的睡眠環境，以減低嬰兒猝死症（Sudden infant death syndrome, cot death, crib death，簡稱 SIDS）的風險，建議寶寶睡覺區域的床墊要平滑，不適合睡在水床或很軟的墊子上；周圍要淨空，避免枕頭、被子或玩具等可能遮住口鼻的物品；且盡量靠牆，或是在床邊裝設合格的圍欄，避免寶寶滾落床下，更要注意是否有卡住嬰兒手腳的空隙。由於寶寶無法自行移除掩蓋住口鼻的衣物，如果擔心寶寶會冷，也請記得被子蓋到胸口即可，或是利用睡袋、睡衣保暖，且避免會鬆動的衣物。此外，兩歲以下的寶寶是不需要枕頭的，這筆預算可以省下。

關於寶寶的頭形

兩歲以下使用枕頭是不安全的，也沒有任何實證顯示使用枕頭可以維持頭型，頭形大都是與遺傳有關，所以讓孩子自由發展，他們就會長出最漂亮的頭形。

目前研究顯示趴著睡，接觸菸、酒、藥物，或者太柔軟的環境都是增加嬰兒猝死的因素，哺餵母乳則會減低風險。至於親子同床或不同床則仍有爭議，希望未來有更多研究讓我們更加瞭解其差異。目前最安全的建議是同室不同床，也要提醒家長把嬰兒放在視聽範圍內，而非其他房間。

減低嬰兒猝死症的原則：

1. 躺著睡、趴著玩。
2. 同室不同床，能將嬰兒猝死症的風險降低 50%。
3. 嬰兒床墊要表面平滑、床單拉緊、不放枕頭、被子，或絨毛玩具等物品。
4. 避免嬰兒接觸到菸、酒與藥物。

除了安全的睡眠環境，寶寶躺在床上時，保持仰躺姿勢很重要，不管是晚上的長睡眠或是白天的小睡。等到寶寶四、五個月大，已能夠俐落翻身時，睡覺姿勢就沒有那麼嚴格，但因為這時期的寶寶會滿床滾，要小心不要讓寶寶掉下床。

睡到半夜起身哺餵寶寶，其實很考驗媽媽的意志力及腰力，所以打造利於哺乳並符合寶寶睡眠安全的環境，讓哺乳媽媽睡得安心、餵得放心也很重要。若家裡空間足夠，可以讓寶寶睡在嬰兒床上，建議讓嬰兒床靠近媽媽的大床，例如常見的床邊床，同時符合同室不同床的安全原則，也縮短哺乳媽媽移動的距離，通常是最省時省力的方法。當嬰兒還小時，睡在大床上的「芬蘭嬰兒箱」或是嬰兒可以平躺的嬰兒籃裡，也算是同室不同床的方法，不過通常寶寶長得很快，「芬蘭嬰兒箱」很快就睡不下了，到時要再考慮換睡其他地方。

寶寶與家人同床共眠的睡眠位置安排

▲三口之家

▲四口之家

如果空間不允許置放床邊床，有的媽媽會利用親子同床兼顧哺乳與休息。其實哺乳類動物都是親子同眠的，有些研究結果顯示，習慣親子同床的亞洲民族，發生嬰兒猝死症的風險相對較低。所以親子同眠是自然演化的結果，只要能注意安全，親子同床不但利於母乳哺育，也是減低嬰兒猝死症的重要方法。

親子同床的安全注意事項：

- 同睡的大人不可吃藥、抽菸、喝酒。
- 嬰兒睡在固定位置——媽媽身邊。
- 嬰兒睡在平坦表面，周圍無鬆軟物件，但有圍欄或靠牆。
- 嬰兒蓋嬰兒的被子（或穿專屬的睡袋），家長蓋家長的被子。

夜間利用側躺餵是最輕鬆的哺乳方式，有助於夜間休息。若等到寶寶大到會滾、會爬，媽媽可以維持平躺姿勢，讓寶寶趴在身上喝奶。其他睡眠環境的安全注意事項，如床邊床或一般嬰兒床上，避免鬆軟物件、避免嬰兒跌落或縫隙卡住手腳等都是一樣的。

寶寶的睡眠與餵食相同，都是受到自然演化與文化習俗的共同影響，建議家長多跟有育兒經驗的親朋好友討論，依循上述安全原則，布置出最適合自己家的睡眠環境。更重要的是觀察寶寶的反應與找出適合彼此的安撫模式，只要建立起親子同步的作息與默契，寶寶的睡眠狀況也會漸漸上軌道。

寶寶的體重與口腔保健

寶寶一暝大一寸，但就是長得比別人瘦小，該注意什麼呢？喝奶特別慢，是舌繫帶的問題嗎？口腔保健該怎麼做才能預防蛀牙呢？

寶寶「真的」體重增加不良？

討論嬰幼兒體重增加不良時，最重要的就是要區分「自認」體重增加不良，還是「真正」體重增加不良。這時兒童健康手冊上的生長曲線表就是最好的參考值，目前的生長曲線表是以 WHO 收集母乳嬰兒的生長數值整理而成，有五條主要參考數值，從最小到最大分別為第三百分位、第十五百分位、第五十百分位、第八十五百分位與第九十七百分位。測量出寶寶的身高體重後，就可以利用生長曲線圖，比照出寶寶目前身高體重的百分位。

首要原則是「跟自己比」，例如身高體重是第十五百分位的寶寶，只要持續沿著第十五百分位成長，生長狀況就是正常的。如果誤以為超過第五十百分位才叫做正常，養到嬌小身材的寶寶就會很心累。所以千萬不要拿大雄的體重跟隔壁的胖虎比，也不要拿毛醫師跟林志玲比身高，比出來的結果根本不影響健康或成長，只是越比越傷心。

　　第二個原則是「身材與基因高度相關」，在營養充足的前提下，身材高矮胖瘦其實最主要受基因影響，意思是「龍生龍、鳳生鳳、老鼠生的兒子會打洞」。身材高大的家長通常孩子也較為高大，身材嬌小的家長則通常很難生出特別高大的孩子。當然基因也有隔代遺傳，或是基因表現受環境後天因素影響，這些都是相對少數的狀況，絕大部分寶寶的生長曲線都與父母非常類似。但也請家長理解，每個孩子都是獨一無二的，就算是同一對父母生下的孩子，每個孩子的生長發展也不會完全一樣，所以請不要拿孩子跟手足比較，專心觀察孩子本身的成長與變化才是重要的。

　　臨床上會懷疑寶寶有生長問題的狀況，主要是「小於第三百分位」以及「百分位下降兩個區間以上」。「小於第三百分位」是指寶寶的身高或體重小於第三百分位，表示在同齡中，他的身高或體重屬於最輕或最矮的這個族群。這有兩個可能，一個可能是寶寶的營養狀況良好，但本來就是嬌小的身材，所以身高或體重處於較輕或較矮的範圍；另一個可能是寶寶的營養狀況不佳，有可能是進食不足或是身體疾病造成，所以身高或體重無法順利成長。

　　「百分位下降兩個區間以上」是指寶寶最近生長停滯，相較於之前測量的身高或體重，這次測量的百分位區間下降了兩個以上。例如之前

寶寶的體重在第五十至八十五百分位之間，這次卻發現在第三至十五百分位之間，這是明顯生長停滯的狀況，也是臨床上要比較注意的情形。如果是下降到第十五至五十百分位，也就是下降一個區間，不算是有問題，可以密集追蹤確認寶寶生長狀況。

當發現以上兩種生長異常狀況，首先要請醫師評估寶寶的健康與營養狀況，如果懷疑是進食不足造成，妥善評估喝奶狀況、規劃合理可行的進食計畫，並持續追蹤至寶寶成長穩定最重要。

如果真的是餵食不足導致身高或體重不理想，只要提供充足的奶水，不論是瓶餵或親餵，母乳或配方奶，讓寶寶依照自己的需求喝到需要的奶量，就會逐漸恢復原本應有的身高或體重比例。

如果是寶寶健康狀況造成身高或體重增加不良，重點就會放在寶寶本身的健康狀況要能妥善控制，例如有心臟病或肝膽疾病的寶寶，需要與醫療團隊密切配合，規劃治療與營養計畫。在這過程中，不論是需要評估哺乳狀況，或是要協助媽媽擠出奶水餵食，泌乳顧問都可以一併提供協助，讓寶寶的成長盡量符合應有的生長曲線。

如果餵食狀況正常，寶寶也很健康，但身高或體重一直維持第三百分位穩定成長，最有可能的是養到身材嬌小的孩子，俗稱「三趴俱樂部」。通常這些家長本身也是身材嬌小，或是嬰兒時期是瘦小的身材，所以寶寶也是嬌小身材。這些寶寶就算強迫餵奶也不會長高或長胖，反而容易造成溢奶，甚至因為被灌怕了，乾脆拒絕進食。所以還是回歸「回應式的餵食」，觀察寶寶的需求，提供充足多樣的飲食，營造愉悅的進食氣氛，也尊重寶寶的食欲，避免過度餵食。再次強調，生長曲線要與自己比較，只要確定寶寶身體健康，穩定成長，就算嬌小也很健康！

🌢 認識舌繫帶過緊

　　舌繫帶位於舌頭下方，連接舌頭與口腔底部。舌繫帶是正常構造，每個人都有舌繫帶。若舌繫帶過緊會限制舌頭的運動，對口腔功能造成影響，在嬰兒時期影響哺乳，在幼兒時期則可能影響發音，一些捲舌音例如「之、吃、師、日」等就比較難發出標準聲音。

　　根據不同的文獻，舌繫帶過緊的發生率報告約在 4% 至 10% 之間。但在哺乳困難的嬰兒當中，發現舌繫帶過緊的比例可能達到 25%。家族史在文獻中沒有特別提到，但臨床上時常觀察到遺傳的影響，例如媽媽或爸爸小時候有舌繫帶過緊剪開的紀錄，嬰兒的舌繫帶也明顯較緊。

寶寶舌繫帶過緊常見的外觀包括

- 舌頭吐出時，尖端呈現 W 型或是愛心型。
- 舌頭無法吐出下唇。
- 舌繫帶前端明顯附著在下牙齦處。
- 舌頭無法抬高，尤其是寶寶哭泣時，舌頭仍黏在口腔底部等。

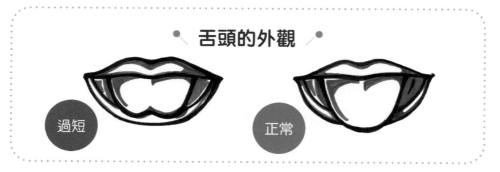

舌頭的外觀

過短　　　正常

　　舌頭在哺乳的過程中很重要，寶寶一開始會將舌頭伸出下唇舔乳頭

及乳暈，接下來會用舌頭將乳暈下半部整個包覆住，將乳暈乳房固定在口腔中，接著利用舌頭蠕動的律動吸吮乳房，也誘發出媽媽的催產素反射，奶水會主動流進寶寶口中，讓寶寶吞下去。所以當寶寶舌頭運動受到舌繫帶過緊的限制時，以上提到的功能都有可能受到影響，而媽媽乳房也可能因此受傷或是發炎。

寶寶舌繫帶過緊對哺乳的影響與症狀

寶寶方面	媽媽方面
無法含上乳房。	哺乳後乳頭呈現裂縫、壓痕或脫皮。
無法持續含乳。	乳頭皸裂、瘀青或有水泡。
乳頭容易滑出。	乳頭流血。
餵奶時間長。	寶寶吸吮乳房時非常疼痛。
長時間哺乳後仍不滿足。	無法確實移出奶水。
哺乳時容易睡著。	乳頭感染。
用牙齦夾住或嚼乳頭。	乳腺管阻塞。
體重增加不良或生長遲滯。	乳腺炎或乳頭念珠菌感染。
無法含住安撫奶嘴。	奶水分泌減少。

▲每位寶寶或媽媽不會呈現同樣的症狀
▲奶瓶餵食的嬰兒可能出現餵食時間長或餵食困難的症狀

　　造成這些症狀的可能原因很多，不只是嬰兒舌繫帶過緊。若出現太多上述症狀，而且經過修正哺乳姿勢仍然持續，就會建議尋求泌乳顧問評估，是否有舌繫帶過緊或口腔運動功能不佳的狀況。

臨床上，每個寶寶舌繫帶過緊的狀況都不完全一樣，媽媽本身也從完全無症狀到嚴重乳腺膿瘍都有，所以這些狀況只能提醒我們注意，要仔細評估寶寶的口腔情形，而不是直接做出舌繫帶過緊的結論。有些家長會因為乳頭太過疼痛或寶寶含不上乳房而改以奶瓶餵食，這是很正常的。不過舌繫帶過緊的寶寶，有些也會在奶瓶餵食時出現狀況，例如嚴重溢吐奶、需要很長的喝奶時間或是體重增加緩慢等。

寶寶舌繫帶過緊的評估方式

評估過程中，最重要的概念是外觀不能決定一切，實際舌頭運動的功能是主要評估重點，也是決定如何處理與追蹤的關鍵。通常我們會先從觀察寶寶的舌頭運動開始評估，看看寶寶的舌頭是否可以自行伸出嘴巴、舌頭在口腔中是否可以抬高、抬高時是整個舌頭，還是只有邊緣可以抬高，或是完全攤平在口腔底部。

接下來會以手指檢查寶寶舌頭運動情形與口腔狀況，手指放在舌頭下方檢查舌繫帶連接情形、讓孩子吸吮手指感受舌頭杯狀包覆的能力與舌頭蠕動狀況。可以將手指從舌繫帶的左邊滑到右邊，感受舌繫帶的鬆緊度，如果很輕鬆就可以滑到另一邊，可能無太大影響；如果很明顯有所阻礙，無法滑到另一邊，就得擔心舌繫帶是否太緊。

建議尋求受過訓練的泌乳顧問或是物理治療師評估，會更清楚瞭解孩子口腔的運動情形，以及對哺乳的影響。

舌繫帶過緊的處理方式

若寶寶舌繫帶過緊，可以針對媽媽與寶寶的狀況充分討論，再考

慮不同的治療與追蹤計畫。讓家長清楚瞭解全盤影響後再做決定，是溝通過程中的主要關鍵。目前的共識是，不論是否考慮剪開舌繫帶，若懷疑寶寶的舌繫帶過緊，就先指導家長為寶寶做口腔按摩與舌頭運動，有點像是幫舌頭拉筋放鬆。有些寶寶在按摩與運動練習後，舌頭功能即可充分發揮，不一定需要剪開。這與每個人的結構及組織鬆緊度等因素相關，很難一概而論。也要全面評估哺乳與瓶餵狀況，讓哺乳與瓶餵的姿勢都盡量符合理想，確認寶寶喝奶時也能充分運動舌頭。

　　如果舌繫帶過緊明顯讓寶寶無法含乳，或讓媽媽非常疼痛，又或是經過按摩與運動練習後，舌頭活動仍明顯受限，孩子成長受影響，剪開舌繫帶就是需要考慮的了。

寶寶舌繫帶過緊的手術與照護

　　舌繫帶剪開術是利用剪刀或雷射將過緊的舌繫帶切開，讓舌頭恢復良好活動。一般來說，新生兒時期剪開舌繫帶不需全身麻醉，可以視狀況使用局部麻醉。處置時將寶寶固定良好是最重要的，通常整體處置時間僅有數秒鐘到數分鐘，可能寶寶還來不及哭就剪完了。

　　選擇用剪刀或是雷射切開舌繫帶，主要依照醫師的經驗與機構的設施決定，最大差別在於，使用雷射可以邊剪開邊止血，使用剪刀則需要剪開後加壓止血。通常加壓傷口數分鐘後即可，傷口沒有流血就可以正常照顧寶寶，瓶餵或哺乳均可。有時我會在剪完止血後請家長盡快餵奶，舌頭的蠕動會壓住舌下的傷口，有止血的效果，也利用餵奶安撫寶寶，通常只要寶寶安靜下來，止血就可以很迅速。

　　但要強調的是，通常過了嬰兒期後的幼兒，是無法配合舌繫帶切開

手術的。雖然這個切開手術需要的時間很短，但手術過程很需要孩子的口腔保持張開，不能亂動，也需要止血的時間，大家可以想像八、九個月大或是一、兩歲的孩子，是不可能配合這種過程的，所以若過了新生兒時期，通常需要全身麻醉進開刀房剪開舌繫帶，才能確保手術品質與安全。當然每位醫師的經驗與手法不同，這部分要請家長與醫師充分討論後再決定。

那麼，長大還需要剪開嗎？其實我在臨床上經常遇到舌繫帶過緊的大人，尤其是家長。有時診斷了舌繫帶過緊的寶寶後，隨口問一句，「家裡其他人也有類似情形嗎？」爸爸或媽媽會伸出自己的舌頭，跟我說，「醫師，我好像也有舌繫帶過緊？」，我曾請教這些家長舌繫帶過緊是否帶來生活上的困擾，有些家長不覺得有困擾，有些家長說自己吃飯很慢或是捲舌音發不出來，但也都健康長大、為人父母了。

總之，舌繫帶過緊是個不影響生命，但可能影響生活品質的身體狀況，如果不利用手術方式剪開，持續做口腔按摩與舌頭伸展運動，也能讓舌頭活動盡量達到最大程度。

術後建議每日清潔傷口一次，利用平時清潔口腔時順便清潔傷口即可。通常術後一天左右傷口開始呈現白色，之後便會慢慢癒合，大約七至十天完全癒合。我會請家長術後一週帶寶寶回診檢查傷口，確認癒合狀況。

平常就依照原本的餵食方式，持續哺乳或奶瓶餵食，並在每次哺乳時確認寶寶舌頭蠕動情形。有些寶寶原本沒辦法含乳，剪開舌繫帶之後便可以含上乳房，也鼓勵媽媽讓孩子多多練習含乳，通常寶寶的含乳會持續進步。

臨床上有些寶寶術後前一、兩天發生拒絕進食的狀況，猜測是傷口疼痛或是不習慣新的舌頭運動方式造成，通常多安撫後就會改善。建議家長可以利用不同方式安撫寶寶，例如肌膚接觸、吸吮、按摩、舒服的聲音或音樂、不同的抱姿等。也可以使用醫師處方的止痛藥物，讓寶寶暫時舒緩疼痛。

　　有些家長會有疑問，剪開舌繫帶後，寶寶的症狀就會改善了嗎？臨床上的觀察是，剪開舌繫帶後，寶寶可以明顯地增加舌頭運動的幅度，經過練習，也會漸漸趨近於一般未受限的舌頭運動模式，所以親餵會進步，瓶餵也會進步。

　　通常我會建議家長給寶寶一至兩週的時間適應新舌頭，之前困擾的症狀會在這一、兩週的密集練習後逐漸改善。如果持續未改善，也要再次評估，找出可能潛在的其他問題並試著改善。

● 嬰幼兒蛀牙與哺乳的關係

　　當哺乳到寶寶開始長牙齒時，家長們就會開始擔心持續是否會增加蛀牙風險呢？該停止哺乳嗎？可是又說持續餵母乳很重要，該怎麼取捨呢？

　　早發性幼兒齲齒是指六歲以下孩童有一顆或一顆以上的乳牙被侵蝕、因蛀牙掉落或需要填補。古早的觀念認為乳齒蛀牙都會換掉，不用太在意，但目前發現嬰幼兒齲齒其實也會影響恆齒的健康，應該說口腔保健的觀念需要從小養成，小時沒養成牙齒的健康環境，長大一口爛牙也是可以理解的。

嬰幼兒齲齒的形成與表現

基本上有牙齒就有可能蛀牙，造成蛀牙的原因需要四個因素同時存在，宿主（牙齒）、食物、細菌與時間，簡單說就是食物殘渣讓引起齲齒的細菌得以存活，經過時間逐漸破壞牙齒構造，引起發炎造成蛀牙。

嬰幼兒齲齒的表現從早期脫鈣（牙齒出現白斑或黃斑）、初期蛀牙、牙齒表面蛀牙、牙齒表面及鄰接面蛀牙、前牙鄰接面蛀牙、牙根膿腫到最嚴重的合併蜂窩性組織炎均有可能。當然齲齒跟所有疾病一樣，預防勝於治療，且越早發現越容易治療，所以保健觀念良好的家長就會從小注意牙齒的保養與追蹤，是很棒的健康習慣。

我們該怎麼預防嬰幼兒齲齒呢？理解上述齲齒的四個危險因素後，避免讓食物、細菌與時間三個因素同時存在，就是最理想的預防方式。當然也就是大家所熟知的，維持良好清潔口腔的習慣，最好從還沒有牙齒就開始。長牙之後也要維持潔牙習慣，並且請牙醫師定期追蹤檢查，塗氟預防齲齒，就像帶嬰兒打預防針一樣，是個需要定期追蹤的健康措施。

嬰幼兒的牙齒保健

不論孩子年紀大小，只要有進食或睡覺前，都應該幫他清潔口腔。嬰兒時期，即使尚未長牙也應該開始幫孩子清潔口腔。幼稚園時期，開始教導幼童潔牙，家長此時仍應負起完全的口腔清潔工作。

小學低年級時期，家長應負起教導潔牙的責任及協助孩童潔牙。三年級以後，經過前面的練習，孩童應該會有能力自己將口腔確實清潔乾淨。以下為美國兒童牙科醫學會提出預防早發性齲齒的政策

- 減少父母兄弟姊妹的變形鏈球菌數量：全家人共同生活，口腔菌種是類似的，所以希望孩子不要蛀牙，要從家裡的大人落實牙齒保健做起。
- 減少唾液交換的可能：避免共用餐具，或是將大人嚼過的食物餵給孩子吃。
- 長出第一顆乳牙前，就要落實口腔清潔。
- 由專業人員為高危險孩童塗氟治療。
- 在嬰兒六至十二個月大之間建立牙醫基地（dental home），為孩童評估齲齒風險並提供家長相關衛教。
- 避免含糖飲料。
- 與各科醫療人員合作，確保孩童接受牙科評估、諮詢與預防措施。

　　目前臺灣的嬰幼兒在六個月大之後，每半年就有一次牙科檢查、塗氟的規劃與健保給付，請家長妥善利用。建議找到適合自己與孩子的牙醫師，當然最好是找兒童牙科醫師，較瞭解與孩子溝通的方法，友善的環境也能讓孩子較不害怕看牙，反而當成來玩的感覺。

　　到底哺乳會增加還是減少齲齒風險呢？根據一篇二〇一五年的系統性回顧與綜合分析發現[1]：

- 十二個月以內的幼兒，哺乳時間越長，齲齒風險越低。
- 哺乳超過十二個月的幼兒比哺乳小於十二個月，有較高的齲齒風險。

1　Breastfeeding and the risk of dental caries: a systematic review and meta-analysis ,Tham et al., Acta Pædiatrica 2015 104, pp. 62–84

- 哺乳超過十二個月的幼兒中，若夜間有哺乳且哺乳較頻繁者，齲齒風險較高。
- 超過十二個月的幼兒，缺乏有關直接哺乳、奶瓶餵食、不哺乳也未用奶瓶餵食、頻繁哺乳、甜食或含糖飲料攝取以及口腔清潔的資料分析，導致無法找出這些危險因數的互相關聯性。

簡而言之，小於十二個月的寶寶哺乳可以減少齲齒風險；哺乳超過十二個月，齲齒風險增加的原因尚待進一步的研究。

這篇統合分析沒辦法解釋為何在一歲以內的孩子哺乳可以減低蛀牙風險，超過一歲以後反而增加蛀牙風險。理論上，一歲以下的哺乳次數比一歲以上還多，如果是哺乳引起蛀牙，應該一歲以下的孩子更容易蛀牙才對。當然每個人長牙的時間不同，一歲以下的孩子牙齒數目不多也是可能原因，但更可能是其他的飲食習慣或原因讓蛀牙風險提高，這還需要更進一步的研究。

目前一些研究結果的確發現夜間哺乳和吃零食的習慣[2]，會增加早期幼兒的齲齒風險。所以如果孩子的蛀牙嚴重，減少夜間哺乳是必須考慮的事項之一。

如果減少夜奶對家長和孩子很痛苦，感覺親子關係會因此撕裂，暫時無法達成，試著跟泌乳顧問討論可能因應的選項。臨床上也有些孩子夜間持續哺乳，但牙齒狀況良好，並沒有合併蛀牙。所以重點還是回到

2　Association between nocturnal breastfeeding and snacking habits and the risk of early childhood caries in 18- to 23-month-old Japanese children. J Epidemiol. 2015; 25(2): 142–147

潔牙措施是否落實，並試著減少夜奶，在蛀牙與哭鬧之間找到一個大人與小孩都能接受的平衡點。

　　首要措施是加強所有牙齒保健，包括每次用餐後潔牙，正確使用牙刷、牙膏與牙線；避免奶瓶餵食；避免含糖飲料以及定期做兒童牙醫評估追蹤。如果沒辦法停止夜奶，至少可以試著減少夜間哺乳次數，或是時間。可以參考引導離乳的章節，與孩子約定停止夜奶或離乳的時間。也讓孩子看一些蛀牙或牙齒保健的繪本或影片，一起負擔照顧牙齒的責任，把牙齒蟲蟲趕走，藉此改變孩子的潔牙與夜奶習慣。

協助寶寶找回吸吮乳房的本能

●●●

　　「毛醫師，我也很想餵奶，可是寶寶一碰到我的乳房就哭，怎麼辦？」、「我的寶寶出生後就立刻住院沒辦法哺乳，現在想親餵，但寶寶都不願意含乳，是不是沒救了？」

　　協助拒絕含乳的寶寶回到乳房上，幾乎是我們做哺乳諮詢時，最常見的主訴了；在諮詢過程中，我也得以瞭解各式各樣個性的寶寶，還有媽媽的各種煩惱與狀況，希望透過分享這些知識與經驗，讓更多想要親餵的媽媽與寶寶如願。也請記得，當遇上困境時，找泌乳顧問一起評估、協助媽媽與寶寶度過磨合期，會比自己摸索容易許多。

● 寶寶拒絕含乳的原因及預防方法

　　從一開始就一直提到，產後寶寶含上乳房吸吮是本能行為，所以

當寶寶不願意含乳時，需要理解拒絕乳房的原因。最常見的是寶寶在熟悉吸吮乳房之前，受到奶瓶餵食的干擾，讓口腔的吸吮動作未能正常運作，所以接近乳房時也不能發揮本能含上乳房。少數因為寶寶口腔結構異常、口腔運動受到生產或麻醉影響，或是母親乳房及乳頭狀況導致含乳困難。這些相對少見的情況需要盡早請泌乳顧問評估與協助，找出適合媽媽與寶寶的哺乳計畫。

預防寶寶不含乳房的最關鍵因素就是「產後盡早開始哺乳」，盡量在哺乳穩定後再使用奶瓶餵食，絕大多數只要這樣做就能避免。產後尚未接觸過奶瓶就拒絕含乳的寶寶相對少見，會建議盡快找泌乳顧問或專業人員評估媽媽與寶寶的狀況，找出可能拒絕的原因並擬定協助與追蹤計畫。

拉近瓶餵與親餵的距離

臨床上有一些產後必須使用奶瓶餵食的寶寶，例如生病、住院，或是媽媽暫時無法哺乳等。也有些媽媽在產後護理之家採取部分親餵、部分瓶餵，以致於寶寶回到身邊含乳時，經常出現抗拒的現象。這兩種狀況的處理原則差不多，就是拉近瓶餵與親餵的距離，以及喚回寶寶吸吮乳房的本能。

主要有回應式餵食（responsive feeding）與嬰兒主導的瓶餵（baby-led bottle feeding）兩種，又以前者為重。不論瓶餵或親餵，依照寶寶的需求餵食，都要練習觀察寶寶想吃的訊號，不要強迫餵食，「在寶寶想喝的時候餵奶，喝飽的時候就停止」。

回應式餵食

臨床上常見的狀況是沒能在寶寶想喝就餵奶，等到寶寶餓壞了才讓他接近乳房，當寶寶又餓、又累、又要練習不習慣的吸吮方式，只會越來越抗拒乳房。所以把握寶寶想吃但還沒有很餓的時機，讓他練習吸吮乳房，就是讓瓶餵寶寶轉回親餵的第一步。

嬰兒主導的瓶餵（亦稱控速瓶餵）

由於瓶餵轉親餵需要練習、磨合的時間，過程中還是需要持續用奶瓶餵食，以免餓到寶寶，不過讓瓶餵的模式盡量接近親餵也很重要。

重點是瓶餵時讓寶寶保持直立，在寶寶想喝奶時，用奶嘴輕點上唇人中部位，此時寶寶會張開嘴巴，舌頭伸出來舔奶嘴，就像哺乳時寶寶尋乳及含上乳房的動作。當寶寶舔奶嘴時，順勢將奶嘴放進寶寶嘴裡，讓寶寶盡量張大嘴巴，下唇外翻，像是在乳房上含乳的樣子。用奶瓶餵奶時，盡量讓奶瓶保持水平，奶嘴前端保持有奶水即可。讓寶寶含住奶嘴，用舌頭吸吮奶嘴，奶水才會流進嘴巴裡，一口一口的喝奶。

瓶餵時要注意寶寶的訊號，若停止吸吮或吸得太快，感覺寶寶需要休息時，可以將奶嘴往寶寶上顎處暫放，這樣寶寶就不用重新含上奶嘴，也能暫時休息不要喝到奶水。這跟哺乳是相類似的，寶寶不會持續喝到奶水，而是在奶陣時喝到較多奶水，奶陣中間則只會喝到少許奶水。如果寶寶將奶嘴吐出或明顯不想再喝了，可以先暫停，幫寶寶拍嗝或休息一下再喝，但若持續拒絕奶瓶，就尊重寶寶的食欲，不一定要勉強喝完大人準備的奶量。利用奶瓶餵食時可以換邊，就像哺乳時會輪流餵左乳和右乳，換邊瓶餵可讓寶寶習慣不同的喝奶姿勢。奶嘴的孔洞盡

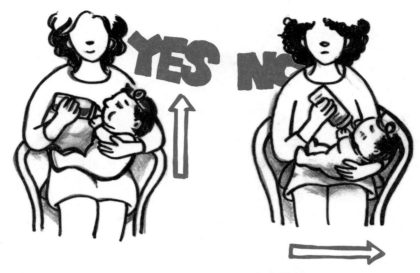

嬰兒主導的瓶餵──抱寶寶的姿勢

▲瓶餵時讓寶寶保持直立，盡量讓奶瓶保持水平，奶嘴前端保持有奶水即可。

量選擇小口徑的，奶水不會自己滴出，在寶寶練習吸吮時才能喝到奶水。

　　過去常用的瓶餵方式是讓寶寶斜躺著，奶瓶半直立，奶水會快速流進寶寶嘴裡，寶寶只能被迫吞嚥流進嘴裡的奶水，缺少練習吸吮的過程，對於寶寶口腔動作發展不利，也不利於寶寶回到乳房上吸吮。

嬰兒主導式瓶餵──三步驟

STEP **1**

用奶嘴輕點寶寶上唇人中的位置。

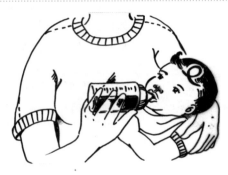

STEP **2**

奶瓶保持水平，奶嘴前端保持有奶水即可。

STEP **3**

寶寶要休息時，將奶瓶降低，奶嘴不用取出，若寶寶要喝再往上提。

模擬親餵的瓶餵模式重點：

1. 選擇小孔徑的奶嘴。

2. 讓寶寶身體保持直立。

3. 用奶嘴輕點上唇人中部位。

4. 奶瓶保持水平，奶嘴前端保持有奶水即可。

5. 當寶寶需要休息時，將奶嘴往寶寶的上顎處暫放。

6. 尊重寶寶的食欲。

7. 換邊餵食。

如何喚回寶寶吸吮乳房的本能？

喚回寶寶吸吮乳房本能有兩個好用的方法，肌膚接觸（skin to skin contact）與生物哺育法（biological nurturing）。

肌膚接觸

如果是因為早產或媽媽、寶寶生病，導致母嬰分離時間較長，寶寶剛開始的確會不習慣與媽媽接觸，也很難立刻含乳成功。通常建議從肌膚接觸開始，鼓勵媽媽住院期間可以多做袋鼠式護理。若醫療院所沒有適合做袋鼠式護理的場所或常規，就請媽媽在寶寶出院後，與寶寶多做肌膚接觸。

做肌膚接觸時，請媽媽或爸爸露出胸、腹部，媽媽不要穿胸罩，若擔心滴奶可以準備毛巾擦拭，爸爸若胸毛太長可略為修剪。寶寶只穿尿布的效果最好，若擔心寶寶會冷，可以幫他穿一件薄薄的衣服，將手腳

露出，直接觸摸媽媽或爸爸的皮膚。

爸爸或媽媽可舒服地斜躺在扶手椅或沙發上，讓寶寶趴在胸前，不需要刻意放在乳房上，因為肌膚接觸的目的是喚回本能，而不是要寶寶盡快含上乳房。環境保持溫暖舒適，讓家長與寶寶都能很放鬆的享受這段過程。

生物哺育法

寶寶可能在肌膚接觸的過程中，慢慢地蹭往媽媽的乳房，可以利用生物哺育法，讓寶寶更靠近乳房。

媽媽維持向後斜躺的姿勢，讓寶寶趴在身上，寶寶會自行含上乳房，媽媽可以用手從側邊支撐寶寶的身體，如果躺得夠水平，也不一定需要支撐，讓寶寶穩定地趴在媽媽身上即可。

肌膚接觸時，若寶寶想接近乳房含乳，但媽媽不知如何協助寶寶時，就建議盡快找專業人員或泌乳顧問協助。寶寶願意接近乳房，是寶寶回到乳房上很重要的契機，請務必把握機會，找到適合彼此的方式繼續練習磨合，通常就能如願親餵了。

寶寶餓個幾餐會回到乳房上嗎？

有些媽媽會說「不用這麼麻煩，就把奶瓶收起來，寶寶肚子餓了就會吸奶了」。的確，有些寶寶會因為餓了，只好配合媽媽的要求，開始吸吮乳房。前提是寶寶吸吮乳房的能力良好，且全家都耐得住哭鬧聲，才有機會用這種比較極端的方法撐過磨合期。對於還在練習吸吮，或是個性超級固執的寶寶來說，可能會餓到寶寶，甚至對照顧者產生負

面的情緒，這是我們不希望發生的事情。就像一開始說的，哺乳是為了建立良好的親子關係，但若為了親餵操之過急，反而傷害了親子關係，是很可惜的。

「收奶瓶」這種比較極端的做法需仔細評估過後，確認媽媽的奶量充足、寶寶吸吮狀況良好，只是雙方或某一方對奶瓶還有些依賴，在專心練習吸吮乳房一段時間，建立起媽媽與寶寶之間的默契後再執行比較恰當。

親餵與瓶餵之間的轉換

吸吮乳房是寶寶出生後的重要發展里程碑，就像一歲的寶寶學會走路一樣，身為泌乳顧問與兒科醫師的我，希望能支持並協助每位寶寶達成他們應有的發展，也就是順利吸吮乳房。

臨床上遇到預計要回職場但擠奶不順的媽媽們，因為寶寶不願意吸吮乳房，以致於泌乳量很多卻難以持續下去，真的很可惜。所以我經常勸媽媽們趁寶寶還小，盡快嘗試並練習親餵，因為親餵與瓶餵雙軌並行，比單純擠奶要來得輕鬆。

通常瓶餵轉親餵的寶寶能同時接受親餵和奶瓶，畢竟之前都是以奶瓶餵食，所以不太會忘記怎麼用奶瓶喝奶。如果習慣親餵的寶寶真的不願意喝奶瓶，只能說這位寶寶超級有個性，一旦選定就不願意轉換，所以找出引導的方式就很重要。（更多技巧及說明，請參考第 119 頁〈即時詢問：職場哺乳的準備與常見困境〉。）

瓶餵轉親餵的時機

基本上我建議媽媽和寶寶在狀況穩定時，就可以開始做肌膚接觸，為親餵做準備。寶寶吸吮乳房的各種反射在出生後成熟，一般在三到四個月大後逐漸消失，這時寶寶的吸吮動作已經是整合的自主動作，不需要這些原始反射了。

臨床上，通常讓寶寶兩個月大之前回到乳房上會比較順利，超過兩個月大的寶寶就要看他的個性以及之前哺乳的狀況來決定。但也請不要灰心，我遇過最老回到乳房上的寶寶是七個月大，遠遠超過兩個月大，只能說人的潛能無窮，想改變就給自己與寶寶一個機會，沒試過誰都不知道結果是什麼，試試看才有可能如願，也別忘了泌乳顧問的支持與陪伴是重要。

● 早產兒的哺餵轉換與建議

母乳對早產兒很重要，尤其可減少壞死性腸炎的發生。壞死性腸炎對早產兒是致命的疾病。早產兒媽媽分泌的奶水與足月兒媽媽的奶水成分不同，更符合早產兒的需求，且隨著寶寶成長，奶水成分繼續改變。所以支持早產兒喝到母乳是很必要的，然而早產兒大多需要住院接受治療，通常沒辦法從一開始就肌膚接觸並哺乳，這也讓早產兒哺乳比一般足月兒更困難，需要針對每對母嬰給予個人化的支持與協助，才能克服早產與疾病的困難，讓早產的寶寶也能持續地喝到母乳。

盡早開始擠奶建立泌乳量

如果產後母嬰分離，媽媽產後的身體狀況許可，建議盡早擠奶，最好在產後一小時內開始擠奶；最重要的一點是，至少要在產後六小時內擠第一次奶。第一次擠奶需有專業人員或泌乳顧問指導，初期以手擠奶，等奶水較為順暢時，利用醫療級吸乳器搭配手擠奶，是增加泌乳量最有效的方式。

初期要刺激奶量增加，媽媽一天擠奶次數可到七至十次，每次擠奶時間不超過三十分鐘，白天不超過四小時擠一次，晚上不超過六小時擠一次。晚上好好睡覺，白天密集一點，大約兩、三小時就擠一次奶。若奶量漸漸增加，可以慢慢調整到一天四到六次，類似一天三餐加上下午茶和宵夜的安排。把擠奶的時間放進自己的生活行程中，有時會去醫院探視寶寶，在探視後立刻擠奶也是很好的安排。

如果產後擠奶一週，奶量仍未明顯增加，就建議盡快找泌乳顧問協助，找出適合自己的擠奶時間表，也確認擠奶方式，讓擠奶更有效率，更能提升泌乳量。（更多技巧及說明，請參考第 129 頁〈即時諮詢：找出適合自己的擠奶模式〉）

多做袋鼠式護理與肌膚接觸

早產兒的餵食通常在加護病房開始，需要仔細的評估與觀察，當寶寶各個系統越來越成熟，就會開始為回家做準備，出院前通常會請家長一起來照顧寶寶。

北歐國家的新生兒加護病房（NICU）採取以家庭為中心的照護，每個新生兒住院期間都是由家長陪同住院一同照護，醫療照護由醫療人

員處理，生活照顧則由家長負責，可以
長時間的肌膚接觸，也可以讓家長從一
開始就練習照顧寶寶，不會因為寶寶早
產而錯失相處的機會。

在臺灣，新生兒加護病房則較難
有這種設置，但通常會安排家長做袋鼠
式護理或練習餵食寶寶，矯正年齡超過
三十六週大的寶寶已經有含乳吸吮的能
力，家長可以在專人指導下練習哺乳。就如
同前述瓶餵轉親餵的方式，可以適用在早產兒

▲ 袋鼠式護理

身上，唯一要注意的是，每個早產寶寶的發展狀況不同，需要仔細追蹤
評估，直到哺乳與成長狀況穩定為止。

多胞胎的哺乳方式

近年由於人工生殖科技的進步，多胞胎越來越常見。而多胞胎的媽
媽們最先顧慮的點是「我能分泌出兩個或多個孩子需要的奶水嗎？」

相信瞭解奶量供需原理的各位不會擔心奶水不夠，事實上，多胞胎
媽媽在孕期分泌的荷爾蒙，會讓身體知道將來要為多位寶寶做準備，所
以泌乳量通常是不需要特別擔心的部分。

多胞胎哺乳的挑戰，包括媽媽懷孕與生產的健康狀況、寶寶容易
合併早產以及產後人力分工不足等問題。媽媽和寶寶的健康狀況通常不
是我們能控制的，只能盡量維持均衡的營養與減壓的生活，與醫療團隊

保持良好合作，盡量維持孕期與生產過程的母嬰健康。很多媽媽忽略產後突然要同時照顧兩個以上的孩子需要大量精力與時間，一時又找不到幫忙的人手，不論要親餵或擠奶都很辛苦，甚至泡配方奶瓶餵都無力執行，而這些都是可以事先規劃並避免的狀況。

　　新手雙胞胎媽媽，產後初期大致需要二到三位的人在旁協助，等到與寶寶的基本生活起居上手後，約是寶寶三至四個月大後，一打二或二打二就不是難事了。多胞胎的哺乳要保持彈性，只要媽媽與寶寶狀況允許，直接在乳房上哺乳還是比較簡單的，雖然需要練習磨合的時間，但

多胞胎哺乳

讓寶寶習慣親餵是最省事的方法。

　　同時哺乳兩位寶寶時，大都會建議先讓比較會吃的寶寶含上乳房，再請家人協助將另一位寶寶抱給媽媽哺餵。媽媽可以採橄欖球式、生物哺育法，或是一個以搖籃式，另一個以橄欖球式，均可以同時哺乳兩個寶寶。同時哺乳比較省時，會吃的寶寶也能誘發較理想的排乳反射，讓相對不太會吃的寶寶亦能喝到足夠的奶水。有些媽媽習慣一次哺乳一個寶寶，選擇早上親餵 A 寶，擠奶餵 B 寶，下午就換成親餵 B 寶，擠奶餵 A 寶；或是早上親餵 A 寶，B 寶喝配方奶，下午親餵 B 寶，A 寶喝配方奶，只要協助的能力足以負擔，媽媽、寶寶都適應的狀況下，都是很適合的選擇。

　　保持彈性與團隊合作在多胞胎家庭更為重要，兩個或多個寶寶雖然同時出生，個性與需求卻可能完全不同，非常考驗家長的應變能力。全家人好好討論出優先順序、分攤的工作、目前的困境、身邊可以利用的資源等，請願意協助的親朋好友排好支援的時間表，需要幫忙時就發出求救訊號，善用資源度過產後磨合期很關鍵。

哺乳媽媽的乳房病症與養護

「哺乳期間乳房有硬塊該怎麼辦？」、「該不會化膿了，需要切開引流！網路上寫得好恐怖，我好害怕！」、「乳腺炎要吃藥，是不是就不能餵奶了？」

在門診我每天至少要回答這些問題五遍以上，在網路上也經常被問到，所以我想利用這個篇幅，將這些擔心與困擾說明得更清楚一點，希望能讓媽媽們安心度過泌乳期乳房不舒服的狀況。

● 乳腺阻塞不慌張

乳腺阻塞很常見，幾乎每位哺乳媽媽都遇過，就像走路會跌倒一樣，哺乳期間偶爾發生乳腺阻塞其實沒什麼了不起，大部分都可以靠寶寶吸吮或擠奶處理完畢。若乳房突然發現硬塊請先不要驚慌，按照接下

來的原理及步驟處理，大部分都可以自行解決。

乳腺阻塞的症狀

乳腺阻塞時，會發現乳房突然出現硬塊，但阻塞通常只會發生在單側乳房的某一個部位，與產後初期的生理性腫脹不同。生理性腫脹不太侷限在某個部位，大多會感覺兩邊乳房一起脹痛。

乳腺阻塞造成的硬塊通常會引起輕微疼痛，尤其脹奶時特別痛，軟奶時就會緩解。也可能出現局部發紅或輕微腫脹，但會隨著阻塞排除而減緩。媽媽擠奶或餵奶時，可能會感到一陣陣的疼痛，甚至擠壓到某個位置時特別疼痛，而這通常就是最阻塞的位置。

有個比喻滿貼切的，乳腺阻塞就像是喝珍珠奶茶時「珍珠卡在吸管裡」，所以擠壓阻塞奶水的地方時，會特別感到不舒服或疼痛，而珍珠被擠出來或吸出來後就會豁然開朗，突然一下子就暢通了。

乳腺阻塞的原因

乳腺阻塞就表示最近的哺乳及擠奶狀況不太順利，或是目前生活中出現了身體、心理的壓力，讓原本良好的催產素反射受到影響而變差。

請先思考一下最近是不是太忙或太累了？哺乳尚未上軌道？錯過擠奶的時間？新的內衣或外衣太緊造成壓迫？抱寶寶時壓到乳房某個部位？工作還是家務帶來煩惱？跟伴侶或先生有爭執？最近換新環境或改變生活模式？長期累積的壓力無處宣洩？以上都有可能造成阻塞的原因。如果能找出原因，解決可能的危險因子，較能順利解決乳腺阻塞的問題。

處理原則與就醫時機

- 盡量多喝水多休息，讓體力保持在比較穩定的狀況。

- 親餵的媽媽持續親餵，擠奶的媽媽持續擠奶，讓奶水保持暢通。平時親餵與擠奶並行的媽媽，當遇上阻塞時，請以較有效移出奶水的方式解決，例如平時親餵比較能讓乳房變軟，阻塞時盡量多親餵。

- 哺、擠奶的空檔，若阻塞的部位有刺痛感，就以手擠出奶水，擠到不適感舒緩即可。千萬不要忍著刺痛不處理，阻塞程度越輕越容易處理。

- 手擠出阻塞奶水時，配合催產素反射的動作，更容易擠出奶水。例如按摩肩頸、洗澡時用溫水沖背部、甩動或震動乳房、輕輕按摩乳房等，手擠奶與這些放鬆的動作交替進行，更能有效地排出阻塞的奶水。

- 「請勿搓揉硬塊！請勿搓揉硬塊！請勿搓揉硬塊！」很重要所以說三次。擠奶位置是硬塊前端接近乳暈的地方，硬塊處以指腹像彈鋼琴那般輕柔的按摩，但千萬不要大力搓揉硬塊的皮膚表面，對解決硬塊是沒有幫助的。

- 擠奶和餵奶的空檔請在硬塊上冷敷或敷高麗菜葉，可以舒緩疼痛的症狀。如果不痛不敷也沒關係，依照症狀調整即可。

- 當寶寶還很小時，例如一、兩個月大之內的寶寶，可以試著改變哺乳的姿勢，讓寶寶的下巴對準阻塞的位置，有時可以較快解決阻塞。但若寶寶的月齡較大，不願意配合也就不用刻意更換哺乳姿勢，只要哺乳的次數與狀況良好，不換姿勢也可以解決阻塞。

也許硬塊沒辦法一次解除，只要疼痛的狀況有改善，硬塊在脹奶時大一點，軟奶時小一點，請給身體一些時間，等症狀慢慢緩解。大部分

的阻塞會在一至兩天內解除，如果自救四十八至七十二小時沒有改善，或是出現發燒或發冷等全身性的症狀，因為不是尋常的情況，要擔心是否合併感染，請就醫檢查治療。

破解乳腺阻塞的迷思

乳腺反覆阻塞確實很令媽媽們苦惱，找出背後的原因進而解決，才是治標又治本的解決方法。

乳腺阻塞時需要吃卵磷脂嗎？要吃多少劑量？

基本上，卵磷脂是促進油水融合，學理上可以讓奶水流動較為容易，但目前使用卵磷脂預防或治療乳腺阻塞均屬於某些專家意見，並沒有實證支持，所以不會廣泛推薦大家使用。

臨床上除非媽媽單純是因為吃了太油膩的食物造成阻塞，才會建議吃富含卵磷脂的食物或使用高劑量卵磷脂數天，多喝水再配合前述的自救方法，可能有助於解除阻塞。若是因為哺乳、擠奶狀況不良，或是身心壓力造成的乳腺阻塞，就算吃再多卵磷脂也不會有效。

期待補充健康食品有治療效果可能會讓媽媽傷了荷包又傷心，還是找到適合自己的哺、擠奶方法比較實際。

乳腺阻塞時需要找人通乳嗎？

乳腺阻塞時處理的首要原則是增加催產素反射，促進奶水暢通。有些媽媽不習慣讓人碰觸乳房，或是通乳的過程讓媽媽感到不舒服，反而雪上加霜，使阻塞情形不減反增。

當然也有媽媽找到很會誘發催產素的人協助按摩乳房，擠出奶水，通常會心情大好且乳腺暢通，有立刻解決的快感，但若未指導媽媽自行處理的方式，阻塞可能反覆發生，還是得依靠他人處理。

鼓勵媽媽找泌乳顧問協助處理乳腺阻塞，透過諮詢過程觀察哺乳與擠奶狀況，找出阻塞發生的可能原因。泌乳顧問除了觸碰乳房，也會聆聽媽媽的苦惱，陪媽媽談心放鬆，一一化解危險因子並指導媽媽自行處理，增能家長，持續追蹤，才是適合的處理方式。

反覆乳腺阻塞真的讓人厭煩，是不是乾脆退奶好了？

乳腺反覆疼痛或阻塞讓媽媽甚至全家煩躁是很正常的，通常媽媽或是家人會覺得「一直塞奶不如別餵了」、「餵個奶怎麼這麼麻煩，乾脆退奶吧」這也是很正常的反應。不過就像我一直提到的，乳腺阻塞只是症狀，背後的原因可能是身體或心理的壓力、哺、擠奶不順利或是莫名的焦慮，只是關掉泌乳這個功能，沒有解決身心或生活壓力，身體可能會出現其他症狀，例如睡不好、吃不下、便祕或拉肚子等。

一般來說，在奶水順暢的狀況下，餵奶或退奶其實都不難，泌乳狀況會依照媽媽的操作跟著變化。如果乳腺反覆阻塞，請務必與泌乳顧問好好討論，找出適合的哺乳、擠奶、離乳方式，讓身心都好好地恢復，找回最平衡及最舒服的狀態。

● 乳腺炎的症狀

乳腺發炎是乳腺阻塞的部位出現發炎反應，剛開始可能是非感染性

發炎，單純局部的發炎細胞聚集，造成乳房輕微紅腫熱痛，只要阻塞解除，紅腫熱痛就會跟著消退，也較少合併全身性的症狀。

但有時會合併細菌感染，這時乳房紅腫熱痛就會變得嚴重，或是出現一個很腫痛的硬塊，這時餵奶或擠奶會非常不順，也可能合併全身性的發炎症狀，例如全身痠痛、疲勞、發燒或發冷等。

診斷與治療

診斷乳腺炎時，最重要的是區分感染性或非感染性乳腺炎，並且以前述方法解除乳腺阻塞。不過臨床上不容易區分，請媽媽先依循前述的方式處理阻塞，觀察症狀是否改善。如果合併發燒或乳房嚴重紅腫熱痛，懷疑是細菌性的感染，就需要服用抗生素治療。抗生素的療程一般為七至十天，為了確實的治療，也避免抗藥性細菌的產生，請媽媽務必將一個療程的抗生素服用完畢，並依照醫囑回診檢查追蹤。

雖然可從媽媽擠出帶膿的奶水做培養，確認可能引起發炎的細菌，但培養並非必須，觀察臨床症狀的改善情況，反而是治療方向的最重要指標。請與醫師配合追蹤治療，因為用藥會隨病程變化調整。若有發展為乳腺膿瘍的可能，就需要進一步的治療，治療過程中要持續擠奶、餵奶，請記得泌尿道感染時不能憋尿，乳腺感染時也不能憋奶喔！

用藥與哺乳

治療乳腺炎的藥物通常是消炎止痛藥與抗生素，消炎止痛藥可以減緩發炎的症狀，有減少疼痛與退燒的效果，抗生素是殺菌用，可以抑制細菌生長。這些藥物進入奶水的比例都很低，是哺乳期間可以放心使用

的藥物，請媽媽找醫師開立醫囑，並依照醫囑服用藥物，持續哺乳或擠奶，妥善處理阻塞，當然也要保持充分的水分與休息，讓免疫力保持在良好狀態，會恢復得更快。

> **乳腺阻塞和發炎的地方有硬塊，需要用力推開嗎？**
> 臨床上會遇到一些乳腺阻塞狀況不嚴重，但局部紅腫狀況卻異常明顯的媽媽，仔細詢問發現是過度搓揉皮膚造成的紅腫。過度搓揉造成皮膚與皮下組織受傷紅腫，結果一碰就痛，反而減少催產素反射，對促進奶水暢通沒什麼幫忙。所以請溫柔對待乳房，拒絕暴力喔！

令人害怕的乳腺膿瘍

乳腺膿瘍是有原因和順序的，通常一開始是乳腺阻塞，接著進展為乳腺炎，最後才轉變成乳腺膿瘍。大部分的乳腺炎及乳腺膿瘍會發燒，但也有部分媽媽還未發燒就已經出現膿瘍。乳腺膿瘍真的是不樂見的併發症，如果不幸發生，正確的診斷與治療是恢復健康的重要關鍵。診斷包括乳房的視診與觸診，有時需要加上乳房超音波檢查；治療則包括哺乳衛教、藥物與膿瘍引流的處理。

很多媽媽來求診的第一句話是，「一定要把膿引流出來嗎？用針頭抽吸或切開傷口不會很痛嗎？」可能在網路上看了很多恐怖的經驗分享，對膿瘍總是充滿恐懼，甚至明知可能已經化膿，卻因為太害怕這些處置，遲遲不敢就醫。其實會擔心都是很正常的，畢竟沒有人希望自己

發炎到化膿，只是想提醒媽媽，通常最痛會發生在膿瘍正在形成，但還沒有辦法抽膿的時候，若膿成熟到可以引流的程度，引流後乳房會輕鬆很多。

請把膿瘍想像成一顆超級無敵大的痘痘，成熟時，裡面的膿可能可以自行吸收，有時需要適當引流出來，發炎反應才會慢慢結束。若膿瘍範圍不大，有機會使用抗生素治療使其自行吸收無須外科引流。但若膿瘍範圍很大，身體無法自行吸收時，就需要用外科方式引流。

針頭抽吸或切開小傷口引流時會利用局部麻醉，減輕當下處置造成的疼痛，回家之後以口服消炎止痛藥減緩傷口疼痛。通常疼痛是與發炎程度相關，在發炎控制住後，疼痛感就會緩解。只要忍住處置時的短痛，就能解決發炎時的長痛，所以這是必要的手段，並非無法承受的過程，伴侶或家人的陪同也是減緩疼痛很重要的支持。

治療與哺乳

如果已經發生乳腺膿瘍，合理的治療追蹤期至少需要兩週，這段期間必須密集追蹤檢查，並給予媽媽完整的哺乳衛教，其內容包括：

• 服用完整療程的抗生素，至少需要十至十四天的療程，如果病況較複雜，就可能需要更長的時間。抗生素或療程可能依照臨床治療狀況與膿瘍培養結果調整。

• 盡量保持充分的水分攝取與休息，也請盡量放鬆身心，把自己當成病人好好休息不要硬撐。請家人體諒及理解媽媽的身體、心理壓力，以及分擔育兒事務，讓媽媽好好休息。家人持續的支持與陪伴是治療過程中的正面力量，讓媽媽能夠堅持下去。

- 正常側的乳房持續哺乳或擠奶，使奶水保持順暢，有助於疏通患側的奶水。如果媽媽目前哺、擠奶狀況不理想，協助媽媽利用正確方式哺乳或手擠奶也很重要的。

- 患側的乳房以保持奶水暢通為主要目標，可以維持哺乳或擠奶。但也要視寶寶的吸吮意願、傷口與乳頭的距離，或是哺乳的舒適度及熟練程度等狀況決定。總之依照媽媽最習慣的方法先度過急性發炎時期，等治療告一段落再調整，找出未來適合的哺、擠奶，或離乳方法。

- 在門診以乳房超音波檢查追蹤膿瘍狀況，若有膿瘍再以針頭抽吸或切開微小傷口引流。

- 針頭抽吸僅有小小的針孔在皮膚上，通常不需要特殊照護。如果是利用小傷口切開引流，會指導媽媽如何在家照顧傷口及擠出膿血，一天大約兩至三次，可能會擠出膿、血或奶水，請依照承受程度適當擠出積膿，擠得出來或不出來都沒關係，回診時會以超音波檢查瞭解膿瘍的變化狀況。

　　處置的方式會受到每個患者膿瘍的位置、範圍，以及當時的醫療設備與醫療團隊的治療經驗等各種因素影響。通常優先考慮以針頭抽吸抽出蓄積的膿，但若過於濃稠或是非常接近表面，可能需要切開微小傷口將膿引流出來。除非媽媽合併嚴重高燒或血壓不穩等敗血症的症狀，不然大部分乳腺膿瘍不需要住院，利用口服藥物、肌肉注射藥物與門診外科處置，即可完整治療。重點是在發炎的急性期需要密集追蹤，妥善引流膿瘍，直到發炎處已經沒有蓄膿，就可以利用身體的自癒能力慢慢恢復。

　　臨床上有些媽媽遇上乳腺膿瘍後心灰意冷，認為自己再也無法哺乳了，甚至連正常側乳房都停止哺、擠奶，治療過程反而拖得更長。這時

我會拿骨折做比方，難道一隻腳骨折後，另一隻腳不用持續運動嗎？骨折處該打石膏或鋼釘能不接受嗎？如同骨折休養完畢一樣能正常行走，乳腺膿瘍雖然治療時間較長，過程很辛苦，但是正確治療後持續哺乳的媽媽也不在少數，所以拜託乳腺膿瘍的媽媽們不要隱忍，就算過程較辛苦，也不要因此放棄或延誤治療。

我的門診經常有乳腺膿瘍的患者，經過妥善的治療與追蹤後，泌乳過程並不會受到影響，甚至經常細究其病因才發現，是寶寶舌繫帶過緊，或是哺乳姿勢不理想等原因造成媽媽乳腺發炎，修正問題後反而可以持續哺乳。所以乳腺膿瘍只是反映哺乳時遇上嚴重困境，需要調整現狀，並不代表未來失去希望。也請不要輕言放棄，不妨利用生病的時機好好休息，面對泌乳能力與生活現狀找到支持的泌乳顧問，說不定反而能找出更適合自己的方式。在治療結束後，有些媽媽持續雙側哺乳，也有些媽媽選擇單側離乳，讓患側逐漸減少奶量，只保留正常側持續哺乳或擠奶，只要媽媽和寶寶都舒服，各種哺乳選擇都是可能並適合的。

膿瘍的硬塊何時會消退？

不同於乳腺發炎或阻塞的硬塊會在發炎或阻塞解決後消退，乳腺膿瘍留下的發炎範圍較大，通常需要較久的時間，身體才能慢慢吸收。一般來說，大約需要一至兩個月的時間慢慢吸收，這個過程中不影響泌乳，也不會有紅腫熱痛等症狀。

通常我會建議家長持續觀察硬塊的變化，如果有紅腫熱痛等急性症狀，就需要盡快回診檢查治療；當一切穩定，硬塊逐漸吸收，就無需特別煩惱；若硬塊持續超過三個月，建議回診做超音波檢查確認一下身體

恢復的狀況。

抽膿不能一次搞定嗎？

　　若用戰爭來形容這段過程，乳腺發炎的部位就是戰場，細菌是入侵的敵軍，奶水裡的白血球是主要對抗細菌的士兵，抗生素則是大砲、飛彈等強力武器。希望戰爭打贏，就需要年輕力壯的士兵，如白血球，而乳房中的白血球是跟著奶水來的，所以在乳腺發炎的過程中，保持奶水流動，新鮮的白血球就會跟著奶水進入發炎的部位，對抗細菌。

　　若只是吃抗生素，但停止擠奶、餵奶，就等於是老弱殘兵帶著強力武器去打仗，效果比不上持續擠奶、餵奶帶來的年輕士兵。蓄積在發炎部位的膿就像是細菌與白血球打仗後的屍體，如果持續積膿不處理，這些膿越積越多會壓迫到附近的乳腺，讓沒發炎的部位奶水都難以流動。用外科處置移出膿可以讓發炎部位與附近範圍的血液循環更好，奶水也會更通暢。

　　有些媽媽會問，「為什麼抽膿不能一次搞定？」我會用戰爭尚未結束來比喻，這次抽出的膿是之前打仗留下的屍體，目前打仗產生的屍體，要等下次回診檢查時才能知道有多少，以及是否需要外科處置移出。等到發炎結束就不會再產生新的膿，也就不再需要針頭抽吸或是切開引流。戰爭結束後，戰場沒辦法馬上就恢復原狀，這也是硬塊需要時間慢慢吸收的道理。

　　希望這個戰爭的比喻能讓媽媽們理解乳腺膿瘍的原理，不需要過度害怕乳腺炎或膿瘍，相信身體有自我治癒與修復的能力，配合正確的治療與追蹤，乳腺膿瘍的媽媽也能恢復良好，持續享受自己的哺、擠奶生活。

經歷乳腺炎媽媽的心情分享

A 媽媽分享

　　我這個完全不懂如何親餵的新手媽媽，在生下大寶後兩個月內三度乳腺炎，其中一次還做了化膿引流手術，一直到現在寶寶兩歲兩個月還在親餵，而且肚子裡還有二寶。謝謝毛醫師讓我得到這份與寶寶前所未有的親密感。

　　因為乳頭比較短，寶寶非常排斥吸我的奶，且又常塞奶，吸不到就更生氣了，他大哭我也跟著哭。那時幾乎都要放棄了，塞奶、石頭奶，又乳腺炎，揮之不去，就在打算吃退奶藥前，我給自己最後一次機會，去了毛醫師的門診就到現在。相信與二寶也會有豐沛又親密的母奶之旅。謝謝毛醫師團隊，感恩。

B 媽媽分享

　　我也是生完大寶十天後，因乳腺炎開刀，受毛醫生幫助的媽媽。之後寶寶因為抗拒患側哺乳，也是持續找毛醫生協助才順利僅靠單側哺餵。經歷孕哺、生二寶、一大一小雙親餵，老大在兩歲五個月自然離乳，二寶到三歲五個月離乳。生二寶因舊疾影響，也是全單邊、全母乳親餵，不需要配方奶。

哺乳媽媽的身心關照與要項

．．．

　　產後媽媽需要個別評估協助與全家人的支持，重點不是奶量多或奶量少，也不是餵得長或餵得短，而是在這段適應磨合期，媽媽與寶寶有沒有得到足夠的支持，找到適合自己的哺乳育兒方式，進而開心享受這段生活。

◊ 周產期憂鬱症與哺乳

　　可能大家有聽過產後憂鬱症，但實際上媽媽的情緒可能從孕期就開始波動，平時樂觀開朗的個性，在孕期或產後變得起伏不定，家人會發現媽媽或爸爸跟之前不太一樣，時常感到低落或沒自信，總覺得生活沒有意思，對哺乳或育兒生活充滿擔憂與煩惱，甚至影響整個家庭。

認識周產期憂鬱症

臨床上，周產期情緒疾患從焦慮、憂鬱到少見的精神失常均包括在內。若過去有憂鬱症病史、自己或家人曾有周產期憂鬱症、未婚懷孕、青少年懷孕、非預期懷孕或抗拒懷孕，菸、酒或非法藥物濫用者、生活壓力大，尤其是負面的壓力，例如家人過世、經濟遇上困境、失去工作或夫妻關係不良等，都可能是周產期憂鬱症的好發族群。當然也有可能並無上述危險因子，仍面臨周產期憂鬱症的困擾，尤其是產後的荷爾蒙改變與生活驟變，是造成憂鬱的常見原因。

遇過幾位媽媽因為哺乳問題來求診，仔細瞭解後發現哺乳狀況都很好，但是問題出在她們的心情狀況不佳，所以什麼都覺得不對勁，有的媽媽擔心自己沒奶或奶太多，有的媽媽擔心寶寶喝得太多或沒喝飽，總是懷疑或責備自己沒做到最好，整天疲倦又提不起勁。

其實這是滿典型的產後憂鬱症的表現，真的希望大家能更認識產後憂鬱症，及早觀察出身邊需要幫助的親友，適時轉介治療，並給媽媽持續的關心陪伴，才能順利度過產後的情緒風暴。

需要自我覺察與周邊的支持

孕婦一般都會出現睡眠中斷、體重增加、容易疲倦、胃口改變等症狀，只要孕婦情緒平穩，這些都是懷孕時可能同時出現的情況。但若孕婦有憂鬱症，除了身體症狀外，還會有情緒或想法上的改變，例如持續感到沮喪、對什麼事都提不起興趣、莫名的罪惡感、覺得自己很糟、感到無助或沒有希望，甚至經常想到死亡等。

產後媽媽的憂鬱症狀包括情緒低落或易怒、對寶寶有負面感受、

擔心自己傷害寶寶、食欲及睡眠困擾、整日提不起勁、不想與人接觸、覺得自己沒用或充滿罪惡感，甚至有輕生的念頭。上述這些症狀不需要都出現，當這些症狀已經干擾日常生活，也讓媽媽失去照顧寶寶的能力時，就應該尋求專業協助。

目前最被廣泛使用的評估方式是「愛丁堡產後憂鬱量表」（參照第284頁），當媽媽產後自覺憂鬱問題時，可先使用量表評估過去七天內自身的情況。

不少媽媽因為擔心被診斷出產後憂鬱症，會因為治療而不能哺乳，或是必須跟孩子分開，以致於不願意尋求協助。其實哺乳不順利，經常成為產後憂鬱被察覺的第一個症狀，例如媽媽的奶水非常豐沛，卻經常乳腺阻塞或是乳腺發炎，很想哺乳卻怎麼餵都覺得不對勁，即使寶寶長得很好，也一直焦慮奶水不足，甚至將負面情緒轉移到身邊的伴侶或家人身上，時常動怒，或是掉淚宣洩情緒，使得全家人日子都不好過。

若家人沒有發現媽媽的憂鬱情緒，只是一昧地說，「餵奶這麼累就不要餵了，趕快退奶，改餵配方奶」。沒有處理或治療，即使改餵配方奶，情緒也不會因此變好或恢復。

臨床上另一種常見的憂鬱症狀是，媽媽老是抱怨自己睡眠不足，但仔細詢問發現，寶寶的睡眠狀況並不差，而是成人沒辦法入睡。所以辨識出憂鬱的家長，並給予其適當的哺乳支持與專業治療，是協助產後憂鬱媽媽的重點。

產後憂鬱的媽媽還能哺乳嗎？

首先要請全家人理解，媽媽此刻身心已不堪負荷，其產後生活需要

愛丁堡產後憂鬱量表

① 我能開心地笑，能看到事物有趣的一面			
0 同意前一樣	1 沒有以前那麼多	2 肯定比以前少	3 完全不能

② 我能夠以快樂的心情來期待事情			
0 同意前一樣	1 沒有以前那麼多	2 肯定比以前少	3 完全不能

③ 當事情不順利時，我會不必要地責備自己			
3 相當多時候這樣	2 有時候這樣	1 很少這樣	0 沒有這樣

④ 我會無緣無故感到焦慮和擔心			
3 相當多時候這樣	2 有時候這樣	1 很少這樣	0 沒有這樣

⑤ 我會無緣無故感到害怕和驚慌			
3 相當多時候這樣	2 有時候這樣	1 很少這樣	0 沒有這樣

⑥ 事情壓得我喘不過氣來			
3 大多數時候我都不能應付	2 有時候我不能像平時那樣應付得好	1 大部分時候我都能像平時那樣應付得很好	0 我一直都能應付得好

⑦ 我很不開心以致失眠			
3 相當多時候這樣	2 有時候這樣	1 很少這樣	0 沒有這樣

⑧ 我感到難過和悲傷			
3 相當多時候這樣	2 有時候這樣	1 很少這樣	0 沒有這樣

⑨ 我的不快樂導致我哭泣			
3 相當多時候這樣	2 有時候這樣	1 很少這樣	0 沒有這樣

⑩ 我會有傷害自己的想法			
3 相當多時候這樣	2 有時候這樣	1 很少這樣	0 沒有這樣

▲總分小於 9 分：身心狀況不錯，請繼續維持。
▲總分 10～12 分：目前可能有情緒困擾的狀況，建議與身旁的人多聊聊，必要時尋求專業人員協助。
▲總分 13 分以上：身心健康狀況可能需要醫療專業的協助，請找專業醫師協助處理。
▲資料來源：衛生福利部

全家人一起支持與協助。若是家庭支持較為不足，尋找外援或社會資源協助也是很重要的。若曾於身心科就診或諮商，建議產後可重新尋求協助。有些媽媽並未察覺自身已是需要醫療評估或協助的狀態，也可以由泌乳顧問轉介給對哺乳母嬰友善的身心科。

經醫師評估需要治療，亦可討論各種治療選項，例如從心理治療開始，避免因為要使用藥物，而增加媽媽的心理負擔；病況較為嚴重需要藥物治療的媽媽，若想要持續哺乳，可以選用不影響哺乳的藥物，以達成哺乳的目的；如果使用的藥物不適合哺乳，可暫時以擠奶的方式維持泌乳，或是透過逐漸減少擠奶的方式順利離乳等。目前亦有其他不需藥物治療憂鬱症的方式，因此都能藉由與身心科醫師討論後再決定治療方式。

泌乳顧問如何支持產後憂鬱的媽媽？

就像我一直強調的，不論媽媽選擇哺乳、擠奶，或是離乳，都應該在充分討論後，尊重並支持媽媽的想法。

泌乳顧問的角色在於仔細評估母嬰狀況與支持系統，若產後憂鬱的媽媽，在治療過程中仍願意哺乳與照顧孩子，就提供支援並協助家人妥善分工，且持續支持到媽媽能自在生活的狀態。假如媽媽不希望持續哺乳，將協助尋求安全理想的離乳方式、確認乳房狀況，並以維持媽媽身心穩定為關注重點。

臨床上協助產後憂鬱的媽媽經常遇到一個情境，當媽媽對自己很沒有自信，心情低落到認為自己什麼都做不到，以至於選擇性遺忘或忽略做得很好的地方。決策時容易陷入「全有全無」或是「非黑即白」的困境，明明奶量超級豐沛，卻一心想退奶改餵配方，忽略身體經常滴奶的

訊號，以及退奶是需要時間與精力，只想盡快逃脫目前的生活狀態。

泌乳顧問這時的角色就是提供媽媽穩定且持續的支持，從處理泌乳狀況到銜接日常育兒生活，讓媽媽肯定自己的能力，看到自己的進步。建議媽媽把目標切成一個個容易達成的小目標。例如一開始先練習舒服的哺乳，從一天一至兩次開始，慢慢增加次數；或是先練習抱孩子安撫，慢慢跟孩子建立起關係；或是練習觀察乳房狀況，學會在輕微阻塞時就自救，不需要慌張，也不需要依賴他人通乳。

一個目標完成後再挑戰下一個目標，由於孩子會持續成長，生活也不會一直停止不變動，所以等媽媽更有自信時，就可以嘗試下一個目標。在一次又一次的小小成功中，獲得自信與成就感，也能重拾好心情。過程中難免有挫折或是疑惑，泌乳顧問就是家長最好的定心丸，當媽媽不確定時給予陪伴討論，缺乏自信時給予支持與鼓勵，是陪著家長療癒與成長的最佳支柱。

另外，泌乳顧問也抱持開放態度陪媽媽規劃生活，不論想持續哺乳或擠奶、部分哺乳或擠奶、完全離乳，或是育兒方面希望能自己帶、跟家人一起帶、交給保母或托嬰中心帶，都可以與媽媽討論其中利弊得失，及需要投資的時間與精力等。重點是要保持彈性，有時最初的盤算不一定是最適合的，也可能需要嘗試後再調整；有泌乳顧問陪著面對這些變化，會比獨自面對來得輕鬆許多。我們的目的是讓產後憂鬱的媽媽在哺乳育兒的過程中，當感受到挫折或擔憂等負面情緒時，亦能欣賞自己已經做得很棒的地方，透過一步一步的小成功，累積起自信與成就感，並願意繼續面對哺乳育兒生活，進而與孩子建立屬於自己的親密關係。

　　也許有人會覺得產後憂鬱有那麼嚴重嗎？有需要一直諮商或看醫師嗎？不就忍過去就好了？各位可能看過一些名人，因為產後憂鬱而輕生的新聞，就算原本是當紅明星，抗壓性極高，在需要有人支持時沒有得到適時的支援，還是會發生令人遺憾的事情。相信大家都知道人各有異，一個人承受得了的壓力，不表示另一個人也能承受；產後荷爾蒙與生活的變化更讓媽媽變得敏感，之前理所當然可以承受的壓力，在這個時間點卻可能造成身心傷害。經常發現以往忍著不處理的症狀往往不會消失，反而可能在生命的其他時期再次出現。

　　不論是爸爸或媽媽，我都想呼籲大家正視自己的身體與心理訊號，

在覺得有狀況時就尋求協助，其實產後憂鬱並非絕症，利用有效的處理方法，正面積極的治療，就能迎來開心的哺乳育兒生活，重新享受哺乳與建立母職。

◦ 醫療狀況或用藥考量

哺乳生活很長，難免會遇上需要醫療的情況，有些媽媽擔心哺乳的狀態下用藥或手術會影響寶寶，以致於不想哺乳或是不想治療。但其實哺乳媽媽的身體狀況並沒有那麼特殊，一般的治療與用藥並不影響哺乳，建議有藥物方面困擾的哺乳媽媽與泌乳顧問保持聯絡，我們可以與你的醫師討論哺乳期用藥的相關考量，例如近期常被提及的新冠肺炎疫苗也不影響哺乳，先請媽媽不要過度擔心。

哺乳媽媽的藥物治療與注意事項

通常用藥的第一個考量就是，真的有需要使用這個藥物嗎？所以不建議媽媽自行服藥，若覺得有需要使用藥物緩解症狀，不論西藥或中藥，均需要請醫師診治後開立處方，再依照醫囑服藥與追蹤治療。

就醫診治時，請記得告知醫師目前仍在哺乳期間，以及寶寶的年齡，作為醫師開立處方的參考。臨床上常使用的藥物，例如消炎止痛藥、腸胃藥、過敏藥或抗生素等，都不會影響哺乳。若擔心醫師開立的藥物不適合哺乳期間使用，可以考慮與寶寶一起給兒科醫師診治，若寶寶可以服用的藥物，哺乳媽媽也可以安心服用。

局部用藥通常不影響哺乳，例如局部使用的藥膏，或是吸入性藥物

等；口服藥物盡量選用短效，代謝快的，最不影響哺乳。基本上只有極低比例的藥物會進入奶水，透過母乳喝到的藥物濃度，通常是寶寶服藥的 1%。例如媽媽因感染而需要服用抗生素，通常會選用寶寶也可以服用的，就算透過奶水喝到一點點，也能安全代謝，不影響寶寶的健康。

如果醫師開處方時，有多種藥物可以選擇的情況下，盡量選用藥物分子量大、脂溶性低、與蛋白結合力高，且半衰期較短的藥物，可減少藥物進入母乳中的濃度。

哺乳藥物資料庫

通常我們最常參考的哺乳藥物資料庫有，LACTMED 與 e-lactation 兩個，輸入藥名後可以查詢是否適合哺乳、對泌乳的影響，或對寶寶的影響與代謝等。另外 Thomas Hale 博士的《Medication and Lactation》也是很好用的參考書。

哺乳期不得使用的藥物包括化學治療藥物、放射性藥物、某些精神科用藥。另有與藥物濫用情況，例如安非他命或嗎啡等，建議離乳，不適合持續哺乳。

如果是需要放射性藥物的短暫檢查，首先可以考慮檢查的急迫性，評估在哺乳期檢查的必要性，或是尋求其他替代的方式，若有非做不可的急迫性，可以查詢該放射性用藥的半衰期，通常可以在五個半衰期後再恢復哺乳，期間持續擠奶維持泌乳。

◊ 哺乳期間的麻醉與手術

- **局部麻醉**：通常使用在牙科、醫美或傷口縫合等，麻醉藥物僅作用在局部，不會影響哺乳，建議家長持續原本的哺乳或擠奶即可。
- **全身麻醉**：若媽媽需要全身麻醉，例如接受較大的手術或是無痛內視鏡檢查等，就需在完全清醒後才能恢復哺乳。有些人會建議暫緩個一天，或幾日後才能哺乳，但其實麻醉藥代謝很快，等媽媽完全清醒，可以活動自如時，就表示已經將麻醉藥代謝完畢，可以放心哺乳。暫停哺乳過長時間會打亂媽媽與寶寶的日常生活，對媽媽可能造成額外負擔，所以依照實證給予暫停哺乳時間的建議，讓媽媽不會因為哺乳而忽略該做的健康檢查或治療。
- **手術**：依照媽媽的手術狀況及復原情況不同，而有不同的建議。如果媽媽體力已經恢復，並想要哺乳，就可以恢復哺乳，例如產後困擾於痔瘡的媽媽，術後通常恢復很快，只要媽媽自覺恢復良好，就可以繼續哺乳或擠奶。若坐著餵奶不舒服，建議利用側躺餵，可一邊餵奶一邊休息。另外，也需避免久坐擠奶，以免壓迫痔瘡傷口不舒服。

◊ 不建議哺乳的身體狀況

目前在臺灣，愛滋病毒帶原的媽媽是不建議哺乳的，擠出瓶餵也不建議。但在某些 HIV 病毒盛行率很高的地區，給予媽媽抗病毒藥物治療控制病毒量並持續哺乳，反而是減少感染並促進母嬰健康的措施。

另外，若開放性肺結核治療未滿兩週也不建議哺乳，可以持續擠奶

維持泌乳，等適合哺乳時再開始。乳頭或乳房上有帶狀皰疹或水痘的病灶時，不建議直接哺乳，要等水泡完全乾掉癒合後才適合哺乳。

如果哺乳育兒太不開心，就找人聊聊天，不論是親朋好友、哺乳夥伴、母乳志工或泌乳顧問都好，也請家人多關心身邊的產後婦女，多陪伴多支持並轉介相關專業人員，相信身心自我修復的能力，配合治療與追蹤，事情都會改變的。

關心妳的乳房

由於乳癌是女性最常見的惡性腫瘤，而且隨著年齡增加，乳癌的罹患率逐漸提高。以臺灣女性而言，好發年齡在四十五至五十五歲，加上近年來，許多女性都晚婚，當懷第一胎時，已經在四十歲上下，此時更要注意乳房是否有異狀發生，建議定期檢查，提早發現狀況才能盡早處理。

乳房檢查與追蹤

進行乳房自我檢查時，採取擠壓或揉捏的方式是常見的錯誤作法。經常有患者擠壓乳房感覺到硬塊而擔心不已，求診後才發現只是摸到一般的乳腺組織。

理想的檢查方式應該是將乳房攤平，觸診時將手高舉。盡量讓乳房攤平後再以按壓的手法自行觸診。觸診時會摸到有點硬度的乳腺組織，

其他較為柔軟的部分通常是脂肪組織較多的部位。

　　觸診時，要是摸到很硬的硬塊，像是隔著一塊布摸到骨頭的感覺，或是固定不動的硬塊，這些都是不尋常的乳房組織，應該盡快安排乳房超音波與乳房攝影等進一步的檢查。

　　由於解剖構造上的差異，造成東西方人種的乳房尺寸有先天差異。東方人的乳腺緻密度通常比較高，脂肪比例較少，且大多分布在乳腺組織周遭。相對來說，西方人的乳腺組織一般比較鬆散，脂肪跟乳腺組織混雜分布。因此在先天上，東方女性的乳房通常較小。

　　進行乳房檢查時，也由於這樣的乳房構造組成差異，而使得適用工具有所不同。東方人比較適合以乳房超音波進行檢查，當腫瘤組織在乳腺組織中生成，比較容易藉由超音波探知。西方人則是採取乳房攝影評估較為理想，除了因為乳房尺寸大，也因為乳腺組織構造較鬆散，進行乳房攝影做擠壓時，比較能找出病灶。

　　乳房超音波與乳房攝影兩種檢查方式是互補的，超音波較能辨別纖維囊腫或纖維瘤這類的腫瘤，乳房攝影則能檢查出鈣化點。乳房超音波和乳房攝影的正確診斷率都有八到九成，乳房觸診大約只有六成的正確診斷率。所以臨床上若懷疑有乳房腫瘤時，接受乳房超音波或乳房攝影較能判斷乳房腫瘤為良性或惡性，評估後續如何追蹤或進行進一步檢查。

纖維囊腫與纖維腺瘤

　　乳房纖維囊腫是乳房最常見的良性病變，對卵巢分泌的荷爾蒙週期有反應。早期認為是一種疾病，近年來則逐漸認為可能是生理性的變化，在三十至五十時歲之間的女性身上極為常見，合併的症狀包括腫

脹、乳房疼痛或乳房中有結節與硬塊，在停經之後逐漸消失。小於一公分的典型纖維囊腫，通常界線清楚，形狀規則，不需特殊治療，定期追蹤即可。若纖維囊腫超過兩公分，可能需要細針穿刺確認診斷情況為何。

　　纖維腺瘤是實心的腫瘤，在二十多歲的年輕女性身上較為常見，較少出現在三十歲以上的女性身上，觸診起來是邊緣光滑，無痛感且容易移動的腫塊。大約有 20% 的纖維腺瘤為多發性的，也就是雙側乳房均有纖維腺瘤。由於是較為實心的腫瘤組織，通常建議利用細針抽吸或粗針穿刺確認診斷，若診斷為纖維腺瘤，則依照腫瘤大小建議處理方式。大小若超過兩公分，建議進一步的化驗，假使已經有三公分以上，通常就會建議切除為宜。

　　纖維囊腫與纖維腺瘤在懷孕哺乳期均可以利用超音波正常追蹤，通常此時乳腺管較為擴張，診斷準確率可能略為下降，但仍不影響追蹤效果。

　　懷孕期間，由於荷爾蒙變化，纖維囊腫與纖維腺瘤有可能變大或變小。若纖維腺瘤在哺乳期間明顯變大，該做的檢查與治療還是應該執行，不會影響哺乳也不需要因此離乳。

乳房鈣化點

　　乳房鈣化點是相當常見的，尤其在四、五十歲之後更為普遍，經常透過乳房攝影發現，並且可能隨著年齡逐漸增加。其形成原因來自於鈣在乳腺組織中的沉積，有可能是一般的生長代謝，或是來自於纖維囊腫或纖維腺瘤的退化，也有的來自於乳腺組織發炎，或是自體脂肪注射後脂肪細胞萎縮壞死後造成，大多為良性的變化。

不過，需要較為注意的是微鈣化點（microcalcification），尤其是密集群聚的微鈣化點，這代表局部可能有較為快速增生的組織，相對來說，惡性變化的機率也比較高。常見良性鈣化點大多為圓形、茶杯形、新月形，分布上較為平均。惡性鈣化點則多為不規則形、分叉或樹枝狀，常會沿著乳腺管分佈，也較為集中。

　　鈣化點若是經醫師評估為良性，則會在半年至一年後進行追蹤檢查。若是有較高的惡性風險，則會建議進行切片，切片方式一種是傳統的鉤針定位切片，經由乳房攝影找出微鈣化點位置之後，經由放射科醫師置入有倒鉤的細針，接下來再進到開刀房，由外科醫師進行手術切除部分乳腺組織連同鉤針一併取出化驗，缺點是傷口較大。另一種則是微創手術，由放射科醫師操作真空輔助抽吸乳房切片，傷口較小，且可直接觀察微鈣化點是否已被切除，缺點是需自費。若是最後病理報告證實為良性，則一樣是每半年追蹤一次。

◦ 哺乳期常見的手術與腫瘤

　　哺乳期的乳房手術，最常見的是乳房膿瘍的清創手術，當乳房因感染發炎，若沒有及時治療，很可能進展成乳房膿瘍。過去，針對乳房膿瘍的治療大多採取切開引流，進行大範圍的清創。但近幾年對哺乳期乳房膿瘍瞭解更多後，已經不再建議破壞性過大的清創手術，轉而採取細針抽吸或微創傷口切開引流，將膿瘍移出，所以媽媽可以放心持續哺乳或擠奶。

　　在懷孕或哺乳期必須進行檢查時，仍可執行粗針穿刺切片。這是利

用較粗的針頭，在局部麻醉後，抽取足夠的組織做病理化驗。有些媽媽的穿刺傷口會輕微滲漏奶水，但傷口通常很快癒合，無須離乳也無須停止哺乳。

檢查結果若判斷是良性腫瘤，懷孕或哺乳期間持續追蹤即可，一般來說不太需要在哺乳期間進行手術。除非懷疑是乳房惡性腫瘤，或良性腫瘤有轉為惡性的疑慮，才會考慮手術。萬一必須接受切除手術，會需要切開兩到三公分的傷口將腫瘤切除。若切除過程截斷乳腺管，奶水會持續從傷口滲出，造成癒合困難，所以除非必要，哺乳期間通常不會採取切除手術。

哺乳期間確診乳癌的情況

雖然為數極少，但懷孕或哺乳期間的確有可能診斷出乳癌，並且是臨床上很難處理的個案狀況。一般來說，如果在第一孕期就診斷出乳癌，會與媽媽討論停止妊娠並開始治療乳癌。如果在第三孕期診斷出乳癌，通常會等媽媽生產結束，身體狀況恢復後，進行切除手術及後續的化學治療或放射線治療。這種狀況下是不適合哺乳的，因此會協助媽媽離乳，以準備乳癌的治療。

最棘手的狀況，則是在第二孕期診斷出乳癌。一種做法是可以考慮先進行化學治療讓腫瘤縮小，生產結束後再進行手術，也有些媽媽會考慮停止妊娠，先治療乳癌，未來再考慮懷孕。總之，懷孕期的乳癌治療相當個人化且多元，需依照每個患者的腫瘤生成情形、懷孕孕期、胎兒成長與本身身心狀況等各方面條件，仔細討論出屬於每位媽媽個別化的治療計畫。

乳癌患者可以懷孕或哺乳嗎？

目前乳癌患者有年輕化的趨勢，有些患者診斷乳癌後經過手術、化學治療、放射治療或標靶藥物等各種治療後，在追蹤期間保持穩定未復發的狀況，後續有可能迎來懷孕的好消息。

一般來說，年輕乳癌患者在診斷初期，就會討論未來是否有懷孕生育的計畫，也會轉介生殖醫學科醫師，在療程開始前做冷凍卵子或冷凍胚胎的準備。治療過程中搭配停經針保護卵巢，除了可減少乳癌復發機率，並增加日後懷孕的成功率。通常建議患者在五年追蹤期過後再懷孕，若患者有迫切懷孕的需求，建議與醫師仔細討論後再進行。我通常建議患者至少等手術、化學與放射治療結束的兩年後再懷孕，避免孕期需要密集追蹤與可能需要治療的困境。

乳癌患者治療結束數年後，自然懷孕或經人工生殖方法懷孕的不在少數，且這些媽媽的哺乳過程與一般媽媽類似。由於大多媽媽僅接受單側乳癌手術與治療，所以主要建議媽媽以好側乳房哺乳，不論是以單側乳房完全餵寶寶喝母乳，或是部分哺乳加上部分配方奶，都是很合理可行的哺乳模式。患側乳房可能會分泌奶水，也可能不分泌奶水，會受當初手術與各種治療影響。若患側有奶水且媽媽與寶寶都接受，患側乳房可以直接哺乳或擠奶，有些媽媽的患側乳房奶水很少，或是寶寶不願意吸吮，可以考慮單側離乳，過程中尊重媽媽的決定與維持乳房舒服是最重要的。

我認識好幾位乳癌患者的哺乳媽媽，她們的堅持甚至超過一般的產婦，「癌症治療都做過了，乳頭痛不算什麼。」、「鬼門關都走了一遭，家人的批評我才不會在意。」、「我用好邊乳房，下班哺乳上班擠奶了

幾個月，沒想到連手術過的乳房都滴出乳汁了，生命果真自有出路。」
這些都是媽媽的真實回饋，所以乳癌並非絕症，在良好治療與穩定追蹤
下，一樣有機會懷孕生產，打造屬於自己與寶寶獨一無二的哺育生活。

泌乳家庭需要尊重與高品質的泌乳支持服務

所有科學證據都顯示母乳哺育的好處，不僅提供嬰兒充分的營養，更提供許多免疫成分與生長因子，當孩子逐漸成長，母乳中的成分隨之動態變化，持續提供孩子需要的營養與保護，減少孩子感染、過敏疾病或日後肥胖的風險。透過哺乳更有利親子依附關係，讓媽媽降低罹癌風險，減少不必要的配方奶費用與符合環保意識。人類就如同其他的哺乳類動物，媽媽的奶水就是小嬰兒成長所需的萬能食物，建議純母乳哺育六個月，六個月大開始陸續嘗試各種食物，之後持續哺乳到兩歲以上直到自然離乳。

當我們越瞭解哺乳，也越理解哺乳對人類來說應該是常模，意思是只要沒有特殊狀況，小嬰兒大部分都能含上及吸吮媽媽的乳房並喝到奶水，媽媽也能分泌出嬰兒所需的奶量，自然而然地達到供需平衡直到離乳。然而這自然的模式在二十世紀初嬰兒配方奶大量銷售後幾乎被摧毀

殆盡，在無限制的商業行銷下，哺乳率一度跌到 5% 以下。廠商透過各種廣告讓大家以為嬰兒配方奶等同或近似母乳，然而配方奶中缺乏的各種活性物質，例如抗體或生長因子等，都是廠商不會告訴家長的。當然臨床上有些媽媽寶寶是需要部分或全部餵食嬰兒配方奶的，這些家長與孩子應該得到仔細的泌乳評估與協助，也應該要有正確使用配方奶的指導。家長或醫療專業人員使用配方奶時，應該如同使用藥品一般謹慎，當用則用，當停則停，讓嬰幼兒的健康從一開始就被良好的支持與保護。

在這段哺乳的生命過程中，媽媽的身心健康是最需要被照顧的，伴侶、親近的家人與可能接觸到的醫療人員、月嫂、保母、托嬰老師等，都有可能影響媽媽的哺乳意願或做法。若大家齊心尊重，從各方面支持媽媽哺乳或擠奶，有良好的溝通與協調，並分擔育兒家務，會成就一個開心健康的哺乳家庭。有些人覺得媽媽已經被哺乳或擠奶搞得烏煙瘴氣，心疼他們沒把自己照顧好，這時不妨提醒媽媽尋求專業泌乳顧問的協助，相信泌乳顧問能陪大家找到更適合的生活方式，不論選擇哺乳、擠奶或離乳，都是媽媽的自主決定。請忍住不批評，避免給家長更多的壓力，一同接受專業協助，就是最好的尊重。

雖然哺乳是自然行為，但每對媽媽和寶寶的情況各有不同，每次懷孕生產的過程也都不一樣。我們遇到的寶寶，除了健康足月的新生兒，也可能遇上早產兒、生病的、體重太輕或過重的等，除了協助順利生產的媽媽，也可能遇上有醫療狀況、生產併發症或乳腺阻塞發炎的媽媽等。伴侶及家人的支持系統也差異甚大，從單親媽媽到家中人手充足，或從全家人贊成到無人支持哺乳都有可能。綜合上述各種排列組合，大家可以理解每對媽媽與寶寶的哺乳之路都不一樣，需要個別化的專業泌

乳支持，協助家長度過最初的磨合期，逐漸建立起自信，找到適合自己的哺乳、擠奶生活。

我都說泌乳顧問就像駕訓班的教練或旅行團導遊，無法幫你開車或遊玩，但有我們的指導與陪伴，你能避開很多顯而易見的誤區，減少各種迷思的干擾，得到很多信心與技巧，在新手上路的階段，在我們的泌乳專業與支持陪伴下，能讓各位更快速地熟練上路並享受旅程。更重要的是，不論這段磨合期發生什麼事，最後是什麼結果，都還保有對自己的信心，一樣保持良好的身心狀態與親子關係。

哺乳是對嬰幼兒與媽媽健康的長期投資，可以減少醫療支出又保護環境，就如同大多數的健康政策，需要國家政策與衛生機關大力支持。支持哺乳不只在醫療機構推動母乳哺育，更應該在社區廣設母乳支持團體，讓家長利用同儕力量互相支持。也要透過保護公開哺乳、廣設哺集乳室、有薪育嬰假、職場設托嬰中心與管制不恰當的配方奶行銷等各層面的政策，營造出對哺乳家庭友善支持的環境，共同保護母嬰的哺乳權力。兒科醫師是哺乳嬰幼兒的最佳後盾，在醫院或診所提供適合的餵食建議，也可以與泌乳顧問合作，提供有需要的家長與寶寶所需的泌乳支持專業服務，解決泌乳媽媽與寶寶的困擾。

在這少子化且影音盛行的年代，出版有關哺乳育兒的書籍，其實很容易自我懷疑，真的有人會看那麼多字嗎？但我想危機就是轉機，目前大家生得少，投資給每個孩子的時間反而增加，願意做功課的家長很多，認識泌乳顧問的家長也變多。新生兒數量少反而是我們泌乳顧問提升品質的時刻，珍惜與每一位家長與寶寶相遇的緣分，利用專業好好支持泌乳家庭，打下良好哺乳育兒基礎，讓他們持續享受哺乳並開心育

兒，就是泌乳顧問最有成就感的時候。如果進一步讓家長有自信迎接下一胎，打破少子化的國家危機，那就更好了。

　　希望這本書能支持正準備哺乳或正在哺乳的泌乳媽媽與寶寶，透過全面的瞭解，破除網路上紛雜的迷思，讓各位更有信心也更開心地面對哺乳生活；也希望能讓醫療、幼保人員或各界人士更理解泌乳專業的發展，若能應用書中的方式支持身邊的泌乳媽媽或轉介給泌乳顧問，協助他們解決泌乳困境，相信會給泌乳媽媽更多信心與鼓勵。

　　最後，如果你跟我一樣，對支持泌乳家庭並充滿熱情，希望自己更精進，歡迎參加華人泌乳顧問協會的課程與認證，讓我們一起為華人泌乳家庭提供符合實證、文化，並且與時俱進的高品質泌乳支持服務。

Ciel

新手媽媽的第一本哺育照護全書
從乳房養護、泌乳期照護到離乳期安排與規劃的最佳指南

作　　　者 — 毛心潔、洪進昇
發 行 人 — 王春申
選書顧問 — 陳建守
總 編 輯 — 張曉蕊
責任編輯 — 翁靜如
封面設計 — 兒日設計
內頁設計 — 林曉涵
內文插畫 — 李青谷
版　　　權 — 翁靜如
業　　　務 — 王建棠
資訊行銷 — 劉艾琳、張家舜、謝宜華
出版發行 — 臺灣商務印書館股份有限公司
　　　　　　23141 新北市新店區民權路 108-3 號 5 樓（同門市地址）
　　　　　　電話： (02)8667-3712
　　　　　　傳真： (02)8667-3709
　　　　　　讀者服務專線： 0800-056193
　　　　　　郵撥： 0000165-1
　　　　　　E-mail： ecptw@cptw.com.tw
　　　　　　網路書店網址： www.cptw.com.tw
　　　　　　Facebook： facebook.com.tw/ecptw

局版北市業字第 993 號
初　　　版：2023 年 4 月
印 刷 廠：鴻霖印刷傳媒股份有限公司
定　　　價：新台幣 520 元

法律顧問 — 何一芃律師事務所

國家圖書館出版品預行編目 (CIP) 資料

新手媽媽的第一本哺育照護全書：從乳房養護、
　泌乳期照護到離乳期安排與規劃的最佳指南　／
　毛心潔, 洪進昇著. -- 初版. -- 新北市：臺灣商務
　印書館股份有限公司, 2023.04
　304面；17*23公分. -- (Ciel)
　ISBN 978-957-05-3484-9(平裝)
　1.CST: 母乳哺育 2.CST: 泌乳 3.CST: 育兒

428.3　　　　　　　　　　　　　　112001217